U0033774

國防部
部務會報紀錄
（1946-1948）
【下冊】

Ministry Meeting Minutes,
Ministry of National Defense, 1946-1948

- Section II -

陳佑慎　主編

導讀

陳佑慎　**國家軍事博物館籌備處史政員**
　　　　國防大學通識教育中心兼任教師

一、前言

　　1946 至 1949 年間，中國大陸 900 餘萬平方公里土地之上，戰雲籠罩，兵禍連結，赤焰蔓延，4 百餘萬（高峰時期數字）國軍部隊正在為中華民國政府的存續而戰。期間，調度政府預算十分之七以上，指揮大軍的總樞——中華民國國防部，以 3 千餘名軍官佐的人員規模（不含兵士及其他勤務人員），辦公廳舍座落於面積 2.3 公頃的南京原中央陸軍軍官學校建築群。[1] 這一小片土地上的人與事，雖不能代表全國數萬萬同胞的苦難命運，卻足以作為後世研究者全局俯瞰動盪歲月的切入視角。

　　如果研究者想以「週」作為時間尺度，一窺國防部 3 千餘軍官佐的人與事，那麼，本次出版的國防部「部務會報」、「參謀會報」、「作戰會報」紀錄無疑是十分有用的史料。國防部是一個組織複雜的機構，當時剛剛仿效美軍的指揮參謀模式，成立了第一廳（人事）、第二廳（情報）、第三廳（作戰）、第四廳（後勤）、

1　關於國防部成立初期的歷史圖景，參閱拙著《國防部：籌建與早期運作（1946-1950）》（臺北：民國歷史文化學社，2019）相關內容。

第五廳（編訓）、第六廳（研究與發展）等所謂「一般參謀」（general staff）單位，以及新聞局、民事局（二者後併為政工局）、監察局、兵役局、保安局、測量局、史政局等所謂「特業參謀」（special staff）單位。上述各廳各局的參謀軍官群體，平時為了研擬行動方案，討論行動方案實施辦法，頻繁召開例行性的會議。本系列收錄的內容，就是他們留下的會議紀錄。

　　國防部也是行政院新成立的機關，接收了抗日戰爭時期國民政府軍事委員會、行政院軍政部的業務。過去，民國歷史文化學社曾經整理出版《抗戰勝利後軍事委員會聯合業務會議會報紀錄》、《軍政部部務會報紀錄（1945-1946）》等資料。它們連同本次出版的國防部部務會報、參謀會報、作戰會報，都是國軍參謀軍官群體研擬行動方案、討論行動方案實施辦法所留下的足跡，反映抗日戰爭、國共戰爭不同階段的時空背景。讀者如有興趣，可以細細體會它們的機構性質，以及面臨的時代課題之異同。

　　國防部的運作，在 1949 年產生了劇烈的變化。1948 年 12 月起，由於國軍對共作戰已陷嚴重不利態勢，國防部開始著手機構本身的「轉進」。這個轉進過程，途經廣州、重慶、成都，最終於 1949 年 12 月底落腳臺灣臺北；代價是過程中國防部已無法正常辦公，人員絕大多數散失，設備僅只電台、機密電本、檔案等重要公物尚能勉強運出。也因此，本系列收錄的內容，多數集中在 1948 年底以前。至於機構近乎完全解體、百廢待舉的國防部，如何在 1950 年的臺灣成功東山再

起？那又是另一段波濤起伏的故事了。

二、國防部會報機制的形成過程

在介紹國防部部務會報、參謀會報、作戰會報的內容以前，應該先回顧這些會報的形成經過，乃至於國軍採行這種模式的源由。原來，經過長時間的發展，大約在 1930 年代，國軍為因應高級機關特有的業務龐雜、文書程序繁複、指揮鈍重等現象，逐漸建立了每週、每日或數日由主官集合各單位主管召開例行性會議的機制，便於各單位主管當面互相通報彼此應聯繫事項，讓主官當場作出裁決，此即所謂的會報。這些會報，較之一般所說的會議，更為強調經常性的溝通、協調功能。若有需要，高級機關可能每日舉行 1 至 2 次，每次 10 到 15 分鐘亦可。[2]

例如，抗日戰爭、國共戰爭期間，國軍最高統帥蔣介石每日或每數日親自主持「官邸會報」，當場裁決了許多國軍戰守大計，頗為重要。可惜，該會報的原始史料目前僅見抗戰爆發前夕、抗戰初期零星數則。[3] 曾經擔任軍事委員會軍令部第一廳參謀、國防部第三廳（作戰廳）廳長，參加無數次官邸會報的許朗軒，在日後生動地回憶會報的進行方式，略云：

2 「會議會報調整辦法」，〈軍事委員會最高幕僚會議案（二十九年）〉，《國軍檔案》，檔號：29 003.1/3750.5。

3 抗戰時期官邸會報的運作模式，蘇聖雄已進行過分析，參見蘇聖雄，《戰爭中的軍事委員會：蔣中正的參謀組織與中日徐州會戰》（臺北：元華文創，2018），頁 68-83。國共戰爭時期及其後的官邸會報情形，參見陳佑慎，《國防部：籌建與早期運作（1946-1950）》，頁 129-138。

作戰簡報約於每日清晨五時在（蔣介石官邸）兵棋室舉行。室內四周牆壁上，滿掛著覆有透明紙的的大比例尺地圖。在蔣公入座以前，參謀群人員必須提早到達，各就崗位，進行必要準備。譬如有的人在透明紙上，用紅藍色筆標示敵我戰鬥位置、作戰路線以及重要目標等……。一陣緊張忙碌之後，現場暫時沉寂下來，並顯出幾分肅穆的氣氛。斯時蔣公進入兵棋室，行禮如儀後，簡報隨即開始。先由參謀一人或由主管科長，提出口頭報告，對於有敵情的戰區，如大會戰或激烈戰鬥正在進行的情形，作詳細說明，其他無敵情的戰區則從略。蔣公於聽取報告後，針對有疑問的地方，提出質問，此時則由報告者或其他與會人員再做補充說明。或有人提出新問題，引起討論，如此反覆進行，直到所有問題均獲得意見一致為止。最後蔣公則基於自己內心思考、分析與推斷，在作總結時，或採用參謀群報之行動方案，或對其行動方案略加修正，或另設想新戰機之可能出現，則指示參謀群進行研判，試擬新的行動方案。簡報進行至此，與會人員如無其他意見，即可散會。此項簡報，大約在早餐之前，即舉行完畢。[4]

　　蔣介石在官邸會報採用、修正或指示重新研擬的行動方案，必須交由軍事委員會各部或其他高級機關具體辦理。反過來說，軍事委員會各部或其他高級機關也可

4　許承璽，《惟幄長才許朗軒》（臺北：黎明文化，2007），頁48-49。

能主動研擬另外的行動方案，再次提出於官邸會報。
而軍事委員會各部與其他高級機關不論是執行、抑或研
擬行動方案，同樣得依靠會報機制。例如，抗日戰爭
期間，軍事委員會參謀總長何應欽親自主持「作戰會
報」，源起於 1937 年 8 月軍事委員會改組為陸海空軍
大本營（後取消，仍維持以軍事委員會為國軍最高統帥
部），而機構與組織仍概同各國平時機構，未能適合戰
時要求，遂特設該會報解決作戰事項。軍事委員會作戰
會報的原始紀錄，一部分收入檔案管理局典藏《國軍檔
案》中，有興趣的讀者不妨一讀。

　　再如，前面提到，民國歷史文化學社業已整理出版
的《抗戰勝利後軍事委員會聯合業務會議會報紀錄》，
則是抗日戰爭結束之初的產物。當時，蔣介石親自主
持的官邸會報照常舉行，依舊為國軍最高決策中樞；
軍事委員會的作戰會報，因對日作戰結束，改稱「軍
事會報」，仍由參謀總長或其它主要官長主持，聚焦
「綏靖」業務（實即對共作戰準備）；軍事委員會別設
「聯合業務會報」（1945 年 10 月 15 日前稱聯合業務
會議），亦由參謀總長或其它主要官長主持，聚焦軍事
行政及一般業務。[5] 以上所舉會報實例，決策了許多國
軍重大政策方針。至於民國歷史文化學社另外整理出版
的《軍政部部務會報紀錄（1945-1946）》，讀者則可
一窺更具體的整軍、接收、復員、裝備、軍需、兵工、

---

5 陳佑慎主編，《抗戰勝利後軍事委員會聯合業務會議會報紀錄》
（臺北：民國歷史文化學社，2020），導讀部分。

軍醫等業務的動態執行過程。[6]

　　及至 1946 年 6 月 1 日，國民政府軍事委員會、軍事委員會所屬各部，以及行政院所屬之軍政部，均告撤銷，業務由新成立的行政院國防部接收辦理。這是國軍建軍史上的一次重大制度變革。因此，除去官邸會報不受影響以外，其餘軍事委員會聯合業務會報、軍事委員會軍事會報、軍政部部務會報都不再召開，代之以新的國防部部務會報、參謀會報、作戰會報。國防部部務會報由國防部長主持，參謀會報與作戰會報由新制的國防部參謀總長（職權和舊制軍事委員會參謀總長大不相同）主持。前揭三個會報的紀錄，構成了本系列的主要內容。

　　事實上，國軍高級機關在大陸時期經常舉行會報的作法，延續到了今天的臺灣，包括筆者所供職的臺北大直國防部。儘管，隨著時間發展、軍事制度調整，國軍各種會報的名稱持續出現變化。再加上歷任主事者行事風格的差異，各種會報不論召開頻率、會議形式、實際功效等方面，都不能一概而論。不過，會報機制帶有的經常召開性質，可供各單位主管當面互相通報彼此應聯繫事項、再由主官當場裁決的功能，大致始終如一。也因此，對研究者來說，只要把梳某一機關的會報紀錄，就能在很大程度上綜覽該機關的業務，並且可以每週、數日為時間尺度，勾勒這些業務如何因時應勢地執行。

6　陳佑慎主編，《軍政部部務會報紀錄（1945-1946）》（臺北：民國歷史文化學社，2021），導讀部分。

三、國防部部務、參謀、作戰會報的實施情形

本次整理出版的國防部部務會報、參謀會報、作戰會報，具體的實施情形為何呢？1948 年 6 月 9 日，國防部第三廳（作戰廳）廳長羅澤闓曾經歸納指出：部務會報與部本部會報（部本部會報紀錄本系列並未收錄，後詳）「專討論有關軍政業務」，作戰會報「專討論有關軍令業務」，參謀會報「專討論軍令軍政互相聯繫事宜」。[7]

如果讀者閱讀羅澤闓的歸納後，仍然感到困惑，其實並不會讓人覺得詫異。1946 年 8 月，空軍總司令周至柔在參加了幾次國防部不同的會報後，同樣抱怨「本部（國防部）各種會報，根據實施情形研究，幾無分別」，要求「嚴格區分性質，規定討論範圍」（部務會報紀錄，1946 年 8 月 17 日）。問題歸根究底，國軍各種會報大多是在漫長時間逐漸形成的產物，實施情形也常呈現混亂結果。而就國防部各種會報來說，真正一眼可判的分別，並非會議的討論議題範圍，其實是參與人員的差異。

各種會報參與人員的差異，直接受到機關主官職權、組織架構的影響。1946 年 6 月 1 日成立的國防部，對比她的前身國民政府軍事委員會，主官職權與組織架構均有極大的不同。軍事委員會以委員長為首長，委員長總攬軍事委員會一切職權。反之，國防部在成立初期

---

7 「第三廳廳長羅澤闓對國防部業務處理要則之意見」（1948 年 6 月 9 日），〈國防部及所屬單位組織職掌編制案〉，《國軍檔案》，檔號：581.1/6015.9。

階段，雖然國防部長地位稍高於國防部參謀總長（以下簡稱參謀總長，不另註明），但實質上國防部長、參謀總長兩人都可目為國防部的首長。國防部長向行政院長負責，執掌所謂「軍政」。參謀總長直接向國家元首（先後為國民政府主席、總統）負責，執掌所謂「軍令」。時人有謂「總長不小於部長，不大於部長，亦不等於部長」，[8] 語雖戲謔，卻堪玩味。

國防部長本著「軍政」職權，主持國防部「部本部」的工作，平日公務可透過「部本部會報」解決。參謀總長本著「軍令」職權，主持國防部「參謀本部」的工作，平日公務可透過「參謀會報」、「作戰會報」解決。原則上部本部人員不參加參謀會報、作戰會報，參謀本部人員不參加部本部會報。部本部與參謀本部倘若遇到必須聯繫協調事項，則透過國防部長主持的「部務會報」解決。（部務會報紀錄，1946 年 8 月 17 日、1947 年 4 月 12 日）

至於所謂「軍政」、「軍令」的具體分野為何？或者更確切地說，部本部、參謀本部的業務劃分究竟如何？國防部長和參謀總長的職權關係係究竟如何？這些問題，從 1946 年起，迄 2002 年國防二法實施「軍政軍令一元化」制度以前，長年困擾我國朝野，本文無法繼續詳談。不過，至少在本系列聚焦的 1946 至 1949 年範

---

8 「立法委員對本部組織法內容批評之解釋」（1948 年 3 月），〈國防部及所屬單位組織職掌編制案〉，《國軍檔案》，檔號：581.1/6015.9；「抄國防部組織法審核報告」，〈國防部組織法資料彙輯〉，《國軍檔案》，檔號：581.1/6015.10。

圍內，參謀總長主持的參謀本部實質上才是國防部主
體，國防部長直屬的部本部則編制小，職權難伸，形
同虛設。[9] 1948 年 7 月 1 日，部長辦公室主任華振麟甚
至在部本部會報上提出：部本部「決策與重要報告不
多」，部本部會報可從每週舉行一次改為每兩週舉行一
次。當時的國防部長何應欽，即席表示同意。[10] 此一部
本部會報紀錄，本系列並未收錄。

　　相較於部本部會報「決策與重要報告不多」，由參
謀總長主持，召集參謀本部各單位參加的參謀會報與作
戰會報，就顯得忙碌而緊張了。國防部成立之初，原訂
每星期召開兩次參謀會報，不久改為每星期召開各 1 次
的參謀會報與作戰會報（參謀會報紀錄，1946 年 6 月
25 日）。兩個會報的主持人員、進行方式大抵類同，
主要差別在於作戰會報專注於作戰方面，而參謀會報除
了不涉實際作戰指揮外，基本上包括了人事、情報、後
勤、編制、科學科技研究、政工、監察、民事、軍法、
預算、役政、測繪、史政等項（是的，包含史政在內，
在當時，參謀本部實際負責了國防部絕大部分業務）。

　　軍令急如星火，軍情瞬息萬變，蔣介石及其他國軍
高層面對國防部的各種會報，事實上是較為重視作戰
會報。1947 年 11 月，國防部一度研議，將作戰會報移
至蔣介石官邸舉行（作戰會報紀錄，1947 年 11 月 17

---

9 「袁同疇上何應欽呈」（1948 年 6 月 18 日），〈國防部及所屬
　單位職掌編制案〉，《國軍檔案》，檔號：581.1/6015.9。
10 「國防部部本部會報紀錄」（1948 年 7 月 1 日），〈國防部部本
　部會報案〉，《國軍檔案》，檔號：003.9/6015.5。

日）。而自同年 12 月起，至翌年 3 月初，蔣介石本人不僅親自赴國防部主持作戰會報，且每週進行 2 次，較國防部原訂的每週 1 次更為頻繁。饒富意味地，在這段時間，蔣氏在日記常留下主持國防部「部務」的說法，例如 1947 年 12 月 13 日記曰：「到國防部部務會議主持始終，至十三時後方畢；自信持之以恆，必有成效也」，1948 年 1 月 22 日記曰：「國防部會議自覺過嚴，責備太厲，以致部員畏懼，此非所宜」等。[11] 筆者比對日記與會議紀錄時間後，確信蔣氏所謂的「部務會議」並非指國防部的部務會報，實指作戰會報。

1948 年 9 月底，蔣介石復邀請美國軍事顧問團團長巴大維（David Goodwin Barr）出席國防部作戰會報。巴大維表示同意，並實際參加了會議。然而，短短一年不到，1949 年 8 月，美國國務院發表《中美關係白皮書》（United States Relations with China: With Special Reference to the Period 1944-1949），竟以洋洋灑灑以數十頁篇幅，披露巴大維參加國防部作戰會報的細節。美國之所以如此，出於當時國共戰爭天秤已傾斜中共一方，國務院亟欲透過會議紀錄強調：巴大維的戰略戰術建議多未得蔣氏採納，國軍的不利處境應由中方自負其責。[12]

另應一提的是，國防部作戰會報專討論軍令事務，本係參謀總長的職責，故應由參謀總長主持。這個原則，

___

11 《蔣介石日記》，未刊本，1947 年 12 月 13 日、1948 年 1 月 22 日。另見 1948 年 1 月 24、31 日，1 月反省錄，2 月 2 日等處。

12 United States. Dept. of State ed., *United States Relations with China: With Special Reference to the Period 1944-1949* (St. Clair Shores, Mich.: Scholarly Press, 1971), pp. 274-332.

在 1948 年逐漸鬆動了。是年 3、4 月間，蔣介石曾多次委請白崇禧以國防部長身份主持作戰會報。不久之後，何應欽繼任國防部長職，也有多次主持作戰會報的紀錄。

不過，國防部長開始主持作戰會報的情形，基本上是屬於人治的現象，並非意味參謀總長執掌軍令的制度已遭揚棄。1948 年 12 月 22 日，徐永昌繼任國防部長職。翌年 2 月 9 日，參謀次長林蔚因參謀總長顧祝同赴上海視察，遂請徐永昌主持作戰會報。徐永昌允之，卻感「本不應出席此會」。[13]

四、國防部部務、參謀、作戰會報紀錄的史料價值

以上，說明了國防部部務會報、參謀會報、作戰會報的大致參加人員與實施情形，當中又以作戰會報攸關軍情，備受蔣介石及其他國軍高層重視。如果研究者能夠同時參考官邸會報（因缺少紀錄原件，僅能運用側面資料）、國防部各個會報、國防部其他非例行性會議的紀錄，再加上其他史料，可以很立體地還原國軍諸多重大決策過程。這些決策過程的基本輪廓，即為國防部各個會報根據蔣介石指示、官邸會報結論等既定方針，討論具體實行辦法，或者反過來決議向蔣氏提出修正意見。

例如，1946 年 7 月 5 日，國防部作戰會報討論「主席（國民政府主席蔣介石）手令指示將裝甲旅改為快

---

13 徐永昌撰，中央研究院近代史研究所編，《徐永昌日記》（臺北：中央研究院近代史研究所，1990-1991），第 9 冊，頁 230，1949年 2 月 9 日條。

速部隊」一案，決議「查各該部隊大部已編成，如再變更，影響甚大。似可維持原計畫辦理，一面在官邸會報面報主席裁決」（作戰會報紀錄，1946 年 7 月 6 日）。再如，濟南戰役期間，1948 年 9 月 15 日，國防部作戰會報根據蔣介石增兵濟南城的指示，[14] 具體研議「空運濟南兵員、械彈及糧服，應按緊急先後次序火速趕運」。22 日（按：隔天濟南城陷），復討論「空投濟南之火焰放射器，應簽請總統核示後再行決定」等問題（作戰會報紀錄，1948 年 9 月 15、22 日）。

又如，1948 年 11 月上旬，國軍黃百韜兵團 6 萬餘官兵，連同原第九綏靖區撤退之軍民 5 萬餘人，於碾莊地區遭到共軍分割包圍，[15] 揭開了徐蚌會戰的慘烈序戰。11 月 10 日上午，蔣介石召開官邸會報，決定會戰大計，裁示徐州地區國軍應本內線作戰方針，黃百韜兵團留碾莊固守待援，邱清泉等兵團向東轉移，先擊破運河西岸共軍陳毅部主力。[16] 同日下午，國防部便續開作戰會報，討論較具體的各種措施，含括參謀次長李及蘭力主繼續抽調華中剿匪總司令部所屬張淦兵團增援徐州（而不是僅僅抽調黃維兵團東援）、國防部長何應欽裁示「徐州糧食應作充分儲備，並即撥現洋，就地徵購，

---

14 《蔣介石日記》，未刊本，1948 年 8 月 26 日、9 月 11 日、9 月 15 日等處。
15 「黃百韜致蔣中正電」（1948 年 11 月 12 日），《蔣中正總統文物》，國史館藏，典藏號：002-090300-00193-114。
16 《蔣介石日記》，未刊本，1948 年 11 月 10 日；杜聿明，〈淮海戰役始末〉，中國人民政治協商會議全國委員會文史資料研究委員會編，《淮海戰役親歷記》（北京：文史資料出版社，1983），頁 12-14。

能購多少算多少」等（作戰會報紀錄，1948 年 11 月
10 日）。[17]

　　其後，國軍各兵團在徐蚌戰場很快陷入絕境。11
月 25 日，國防部作戰會報研討黃維兵團被圍、徐州危
局等問題，決議繼續空投或空運糧彈，[18]但可能已經爭
論徐州應否放棄。28 日，徐州剿匪副總司令杜聿明自
前線飛返南京，參加官邸會報。官邸會報上，蔣終於拍
板決定撤守徐州，各兵團向南戰略轉進。會報進行過程
中，杜因「疑參謀部（按：指參謀本部）有間諜洩漏
機密」，不肯於會議上陳述腹案，改單獨向蔣報告並
請示。[19]隨後，杜飛返防地，著手依計畫指揮各兵團轉
進，惟進展仍不順利。12 月 1 日，國防部再開作戰會
報，遂決議「空軍應儘量使用燒夷殺傷彈，對戰場障礙
村落尤須徹底炸毀，並與前方指揮官切實聯繫，集中重
點轟炸」。[20]

　　關於國防部作戰會報呈現的作戰動態過程，本文限
於篇幅不能再多舉例，有興趣的讀者可自行繼續發掘。
「軍以戰為主，戰以勝為先」，這部分的內容如果較吸
引人們重視，是極其自然之事。不過，我們也不應忽

---

17 「薛岳上蔣中正呈」（1948 年 11 月 11 日），《蔣中正總統文物》，
　　國史館藏，典藏號：002-080200-00545-060。

18 另參見「國防部作戰會報裁決事項」（1948 年 11 月 25 日），《蔣
　　中正總統文物》，國史館藏，典藏號：002-080200-00337-065。

19 《蔣介石日記》，未刊本，1948 年 11 月 28 日。

20 United States. Dept. of State ed., *United States Relations with China: With
　　Special Reference to the Period 1944-1949*, pp. 334-335；「國防部作戰會
　　報裁決事項」（1948 年 11 月 25 日、12 月 1 日），《蔣中正總統
　　文物》，國史館藏，典藏號：002-080200-00337-065。

略，國防部本質上也是一個龐大的官僚機構。1948 年 3 月，國防部政工局局長鄧文儀向蔣介石批評：「國防部之工作，重於軍政部門，（國防部）主管編制、人事、預算者似乎可以支配一切事務」，「國防部除作戰指揮命令尚能迅速下達外，其他行政業務猶未盡脫官僚習氣。辦理一件重要公文，如需會稿，常一月不能發出，甚至有遲至三月者」。[21] 鄧文儀的說法即令未盡客觀，卻足以提醒研究者：應多加留意情報、作戰以外的參謀軍官群體及其業務。

例如，1946 年 6 月 11 日，國防部召開第一次參謀會報，代理主持會議的國防部次長林蔚（參謀總長陳誠因公未到）便指示：「下週部務會報討論中心，指定如次：1. 官兵待遇調整案：由聯合勤務總部準備有關資料及調整方案，以便部長決定向行政院提出。2. 軍隊復員情形應提出報告，由第五廳準備……」（參謀會報紀錄，1946 年 6 月 11 日）。以後，這些議題還要持續佔用部務會報、參謀會報相當多的篇幅。

又如，1947 年 12 月 22 日，國防部召開部務會報，席間第二廳（情報廳）副廳長曹士澂提出：「新訂之文書手冊，規定自明年一月一日起實施，本廳已請副官處派員擔任講習。關於所需公文箱、卡片等件，聞由聯勤總部補給。現時期迫切，該項物品尚未辦妥，是否延期實施？」副官處處長陳春霖隨即回應：「公文用品除各

---

21 「鄧文儀上蔣中正呈」（1948 年 3 月 12 日），《蔣中正總統文物》，國史館藏，典藏號：002-080102-00043-020。

總部規定自辦者外，國防部所屬各單位由聯勤總部補
給。此項預算已批准，即可印製，不必延期」（部務會
報紀錄，1947 年 12 月 22 日）。

　　前面說的「副官處」，為國防部新設單位，職掌是
人事資料管理，以及檔案、軍郵、勤務、收發工作等，
正在美國軍事顧問協助下，主持推動軍用文書改革與建
立國軍檔案制度。他們首先著手調整「等因奉此」之類
的文書套語，並將過去層層轉令的文件改由國防部集中
複製發佈。當時服役軍中的作家王鼎鈞，日後回憶說：
「那時國防部已完成軍中的公文改革，廢除傳統的框
架、腔調和套語，採用白話一調一條寫出來，倘有圖表
或大量敘述，列為附件。國防部把公文分成幾個等級，
某一級公文遍發每某一層級的單位，不再一層一層轉下
去。我們可以直接收到國防部或聯勤總部的宣示，鉛印
精美，套著紅色大印，上下距離驟然拉近了許多」。[22]

　　無可諱言地，不論是軍用文書改革、官兵待遇調
整，抑或部隊復員等案，最終都因為 1949 年國軍戰情
急轉直下，局勢不穩，不能得致較良好的成績。類似的
案例還有很多，它們多數未得實現，遂為多數世人所遺
忘。但即使如此，這類行動方案涵蓋人事、後勤、編
制、科學科技研究、政工、監察、民事、軍法、預算、
役政、測繪、史政等。凡國防部職掌業務有關者，俱在
其中。它們無疑仍是戰後中國軍事史圖景不可或缺的一
角，而國防部的部務會報、參謀會報紀錄恰可作為探討

22 王鼎鈞，《關山奪路》（臺北：爾雅出版社，2005），頁 240。

相關議題的重要資料。

五、小結

　　對無數的研究者來說，中華民國政府為什麼在1949
年「失去大陸」，數百萬國軍為什麼在國共戰爭中遭逢
空前未有的慘烈挫敗，是日以繼夜嘗試解答的問題。這
個問題太過巨大，永遠不會有單一的答案，也不會有單
一的提問方向。但難以否認地，國軍最高統帥蔣介石連
同其麾下參謀軍官群體扮演的角色，勢必會是研究者的
聚焦點。

　　本系列的史料價值，就在於提供研究者較全面的視
野，檢視蔣介石麾下參謀軍官群體如何以集體的形式發
揮作用（而且不僅僅於此）。本質上，所有軍隊統帥機
構的運作，都是集結眾人智力的結果。即便是蔣氏這
樣事必躬親、宵旰勞瘁處理軍務的所謂「軍事強人」領
袖，他所拍板的決定，除了若干緊急措置外，不知還要
多少參謀軍官手忙腳亂，耗費精力，始能付諸實行。例
如，蔣氏若決心發起某方面的大兵團攻擊，國防部第二
廳就要著手準備敵情判斷，第三廳必須擬出攻擊計畫，
第四廳和聯勤總部則得籌措糧秣補給、彈藥集積。而參
謀軍官群體執行工作所留下的足跡，很大部分便呈現在
各個會報紀錄的字裡行間之內。

　　誠然，另一批讀者可能還聽過以下的說法：當時國
軍的運作，「個人（蔣介石）集權，機構（軍事委員
會、國防部）無權」。畢竟蔣介石時常僅僅透過侍從
參謀（如軍事委員會委員會長侍從室、國民政府軍務

局等）的輔助，繞過了國防部，逕以口頭、電話、手令向前線指揮官傳遞命令，[23] 事後才通知國防部。更何況，即使是前文反覆提到的官邸會報，由於蔣氏以國家元首之尊親自裁決軍務，仍可能因此閒置了國防部長、參謀總長的角色，同樣是反映了蔣氏「個人集權」的統御風格。

1945 至 1948 年間（恰恰與本系列的時間斷限重疊）擔任外交部長的王世杰，曾經形容說「國防部實際上全由蔣（介石）先生負責」。[24] 不惟如是，筆者在前文也花上了一點篇幅，描繪蔣氏如何親自過問國防部的機構運轉，聲稱自己「部務會議主持始終」。[25] 這裡所謂部務會議，不是指本系列收錄的部務會報，而是指本系列同樣有收錄的作戰會報。部務會報也好，作戰會報也罷，蔣介石是國防「部務」的真正決策者，似乎是難以質疑的結論。

儘管如此，筆者仍要強調，所謂「機構無權」、「實際上全由蔣（介石）先生負責」云云，指的都是機構首長（國防部長、參謀總長）缺乏決定權，而不是指機構（國防部）運作陷入了空轉。研究者不應忽略了參謀軍官群體的作用。蔣介石主持官邸會報，參加者大多

23 例見《蔣介石日記》，未刊本，1947 年 1 月 28 日。並參見陳存恭訪問紀錄，《徐啟明先生訪問紀錄》（臺北：中央研究院近代史研究所，1983），頁 139-140；陳長捷，〈天津抗拒人民解放戰爭的回憶〉，全國政協文史資料委員會編，《文史資料選輯》，總第 13 輯（北京：中國文史出版社，1961），頁 28。

24 王世杰，《王世杰日記》（臺北：中央研究院近代史研究所，1990），第 6 冊，頁 163，1948 年 1 月 25 日條。

25 《蔣介石日記》，未刊本，1947 年 12 月 13 日。

數是國防部的參謀軍官群體。蔣介石不論作成什麼樣的
判斷，大部分還是根據國防部第二廳、第三廳所提報的
資料，再加上參謀總長、次長的綜合分析與建議。蔣介
石對參謀軍官群體的各種擬案，可以採用、否決或要求
修正，但在多數情形下依舊離不開原來的擬案。[26]

　　參謀軍官群體研擬的行動方案、對於各種方案的意
見、執行各種方案所得的反饋內容，數量龐大，散佈於
各種檔案文件、日記、回憶錄、訪談錄等史料中，值得
研究者持續尋索。但顯而易見地，本系列提及的各種會
報，是參謀軍官群體研擬方案、研提意見、向層峰反饋
工作成果的重要平台，它們的會議紀錄則是相對集中且
易於使用之史料，值得研究者抱以特別的重視。

　　當前，國共戰爭的烽煙已經遠離，國軍也不復由蔣
介石這樣的軍事強人統領。然而，國共戰爭的影響並未
完全散去，國防部也依舊持續執行它的使命。各國參謀
軍官群體的重要性，更隨著現代戰爭朝向科技化、總
體戰爭化的發展，顯得與日俱增。值此亞太局勢風雲詭
譎、歐陸烏俄戰火燎原延燒之際，筆者撫今追昔，益感
國事、軍事之複雜。謹盼研究者利用本系列內容，並參
照其他史料，綜合考量其他國內外因素，適切理解相關
機制在軍事史上的脈絡，定能更深入地探析近代中國軍
事、政治史事的發展。

---

26 許承墨，《惟幄長才許朗軒》，頁 107-108。

編輯凡例

一、 本書依照開會日期排序錄入。

二、 為便利閱讀，部分罕用字、簡字、通同字，在不
影響文意下，改以現行字標示，恕不一一標注。

三、 本書史料內容，為保留原樣，維持原「奸」、
「匪」、「偽」等用語。

目錄

第二十六次部務會報紀錄

時　　間：三十六年三月二十八日上午九時至十一時四十分

地　　點：國防部會議室

出席人員：國防次長　　　　林　蔚　劉士毅

　　　　　參謀次長　　　　郭　懺　方　天

　　　　　部長辦公室　　　馮　衍　郭安仁

　　　　　　　　　　　　　張鶴齡（何　楷代）

　　　　　總長辦公室　　　顏逍鵬　錢卓倫

　　　　　　　　　　　　　張一為

　　　　　陸軍總部　　　　林柏森

　　　　　海軍總部　　　　桂永清

　　　　　空軍總部　　　　王叔銘

　　　　　聯勤總部　　　　黃　維　趙桂森

　　　　　各廳局處　　　　於　達（劉祖舜代）

　　　　　　　　　　　　　鄭介民（張炎元代）

　　　　　　　　　　　　　郭汝瑰（王　鎮代）

　　　　　　　　　　　　　楊業孔（洪懋祥代）

　　　　　　　　　　　　　劉雲瀚　錢昌祚（吳欽烈代）

　　　　　　　　　　　　　李樹衢　王開化

　　　　　　　　　　　　　趙志垚　吳　石（戴高翔代）

　　　　　　　　　　　　　彭位仁　徐思平

　　　　　　　　　　　　　晏勳甫（黃香蕃代）

　　　　　　　　　　　　　陳春霖（曹　登代）

　　　　　　　　　　　　　劉慕曾　蔣經國（賈亦斌代）

　　　　　中訓團　　　　　黃　杰（李及蘭代）

憲兵司令部　　　張　鎮

首都衛戍司令部　湯恩伯（馮其昌代）

國防科學委員會　徐庭瑤

部本部各司　　　鄭　澤　王正本　王如龍

　　　　　　　　趙學淵　錢詒士　廖行芳

　　　　　　　　劉詠堯　李鴻毅　劉逸奇

　　　　　　　　黎國培

主　　席：國防次長林代

紀　　錄：張一為

會報經過
壹、檢討上次會報實施程度
一、特種計劃司報告

　　1. 各單位所提索償計劃，經會同第四廳、工業動員司研究，認為所擬均係軍需工業最低要求，並須優先取得。

　　2. 賠償委員會昨廿七日開會，討論四十萬噸機器分配方案，經本部提出意見後，決定召開小組會議，補列本部要求，再提出委員會議決定後，送行政院作最後核定。

二、國防科學委員會報告

　　1. 查日本賠償各工廠，規模龐大，設備新式，我國現受分配之一百卅餘萬噸機器，應全部運回，政府無力經營者，可售與民營，此與未來動員關係，影響甚大，雖政府目前財政困難，不能搬遷墊款，但可發行公債籌集，即以此項機器擔

保，信用確實，甚易舉辦。

2. 汽車工廠極為重要，國防部應爭取分配，設法自力生產，方能統一製造標準，使爾後零件補充與修理容易。

三、海軍總司令部報告

化工廠海軍極需要一所，以便自製油漆。

前三項報告併案指示：

1. 本部要求之七萬噸，應請全部分配。

2. 一百卅餘萬噸分配額，全部接受運回，政府無力經營者可售與民營，財政困難，無款搬遷，可發行公債等辦法，即由部本部以部長名義向行政院兼院長蔣建議。

四、人力計劃司報告

總長規定三月底及四月半，各軍官總隊，一律結束，人員全部離隊，嗣中訓團以時間過促，辦理困難，本星期三特召集有關單位，對此問題，加以研究檢討，其結果當迅速用書面通知有關單位，請各就主管，迅切配合辦理，如退役金之發給，離隊人員之運輸等，計現有十萬零四千餘，預訂四月十五日前有七萬二千餘人離隊，尚有三萬餘人，四月內無法處理完畢，仍編成隊隸屬於中訓團，延期一至兩個月，再行結束。

指示：

關於結束軍官總隊事，對四月內離隊人員之處理，各主管單位，須加緊辦理，稍事鬆弛，即不能按時完成。

五、第四廳報告

辦公用品發給實物案，經召集有關單位商討，茲
將討論結果，提出報告：

1. 軍費困難，辦公用品發給實物，增加預算，不
   易實行。
2. 各機關、部隊、學校所用公文紙張、冊表等，式
   樣複雜，品種紛繁，統一補給實物，甚有困難。
3. 現儲辦公用品，係接收敵偽之軍品，不僅存量
   甚少，且有若干全不適用。
4. 此時擬作局部試辦，俟各種用品制式之規定，
   公文用紙式樣之統一簡化等詳細計劃後，再行
   辦理。

指示：

辦公用品補給實物，必須實行，惟顧慮事實困難，可逐
步推行，在局部試辦期內，對全部推行之研究籌備，應
切實計劃周到。

貳、報告事項

一、林次長報告

部長手令，本部參事室撤銷，參事在編制上，列
入部長辦公室內，惟尚未實際調整。

二、劉次長報告

中訓團將官班派代表到部本部面提五項要求，由
林次長及本席會同接見，至應如何分別答復，特
提出報告，盼各主管單位研究：

1. 請發勛獎章：僉以服務團隊，階級晉至將官，

　　　不無微功，惟因過去主官，未予請勳請獎，現
　　　值退役，擬請眷念前功，對未曾領有勳獎者一
　　　律補發。

2. 轉業將官失業後仍請於失業之日起發給退役俸。

3. 過去人事未上軌道，現在國防部要憑案核階，
　　致吃虧者多感覺不平，可否提出有力證件，再
　　行審核。

4. 少將以下之退役人員，在團管區領取退役俸，
　　請對將官退役俸之發給，統一辦法，與中上將
　　同，一律由國防部直發。

5. 現在之一次退役金，係按卅五年七月份給與標
　　準計算，比較現時物價，吃虧甚大，請對將官
　　級之退役人員，另用其他補助方式按照現在給
　　與標準，特予補償。

指示：

（綜合各方意見）

1. 補發勳獎事，無案可憑，於法無據，甚難辦理，至
　　抗戰紀念章，可一律補發。

2. 轉業而又失業者仍領退役俸一事，按法規擬復。

3. 因核階而吃虧者，如提出有力證件，可以復核。

4. 前三項由第一廳辦答復；至第四項少將級退役俸請
　　求本部直發案，由聯勤總部、第一廳、副官處會同
　　研究答復，由第一廳召集，各項答復，一案交由中
　　訓團辦。

5. 第五項請求，殊難辦理，不必答復。

三、法規司報告

1. 防空警報信號規則及其實施細則恢復使用案，除用書面報告外，並說明已電空軍總部即日恢復使用，惟通告民眾方式，依第三廳意見，以利用各地防空演習為妥。

2. 參加立法院審查滇康邊區主任公署組織規程案（書面）。

四、徵購司報告

統一規劃本部請購美軍剩餘物資及敵偽物資辦理程序案（書面）。

指示：

物資供應機構改組，由財政部長作主任委員，各部次長一人任委員會，行政院又係主席兼任，今後本部請予配購物資，當較過去有希望，惟本部單位甚多，如不統一規劃「辦理程序」，各自提出，接收機關，亦無法照辦，故特規定辦法七項，請各單位會後將書面研究，提出意見，於一星期內通知徵購司，以便綜合修正。

五、人力計劃司報告

1. 前東北抗日義勇軍，現流落新疆者約八千人，主席令飭處理，上週行政院開會商討，咸主應體念前功，一律送返東北，運輸費及交通工具，分由救濟總署及交通部辦理，惟撫卹勳獎（四十萬人，只給八千人）須分別辦理，據稱，戰前華僑援助東北義勇軍之捐款達兩千萬元，合現值數字甚大，存於財政部，尚未動用，義勇軍之關係人請本部交涉取出，作為救濟。

2. 轉業軍官，自轉業訓練完滿之日起，在待命派職期間，前決定由本部負責發薪兩月，以後即由各主管部會向行政院請領，惟尚未作最後決定，行政院本日下午約集有關部會，商議此事。

3. 本部辦理軍官轉業屯墾，業務已奉令明白劃分——計劃為第四廳，執行與監督歸聯勤總部，至審核及與有關部會聯繫，則由人力計劃司與土地及建築司負責。

六、第一廳報告

1. 服製改革，五月一日起，即將實施，現須請示數點——第一，將官領章（梅花），經理署製者為金線，係凸形，而上海金工廠商所製者為銅質，分凸凹兩形，究以何者為宜？第二，將官肩章（星），兵工署製者，其稜形面為平面，而上海金工廠商所製者為鼓形，究用何種？第三，前方綏靖作戰之部隊，規定官兵服裝一致，此項領肩章是否可以緩發。

指示：

（綜合意見）

1. 領章用銅質鼓形，肩章兵工署所製者雖不甚精良，但製造量已多，只好仍予發下，可由本部指定若干金工廠商照領肩章之規定式樣精製出售，質與工必要求須較自製品佳良，此後各官長自可自行購換；又前線軍官仍一律配發，作戰時可以自行不用。

2. 士兵符號，曾決定廢領章，用胸章，兵種以顏色標識，惟憲兵認為中國印刷工業，對各種顏色製印，

不能顯明，第一廳報據此項意見，擬取銷顏色，於其上改印陸軍領章上所用之各式兵種圖形較為適宜，是否可行，仍請核定。

指示：

可照所擬意見辦理，待下次發符號時始製換。

七、第五廳報告

奉飭將本部參謀機構組織職掌調整情形提出報告：

1. 各室、廳、局、處之新編制與職掌已奉核定，除副官處編制因待斟酌須另行頒發外，其餘均已發出，規定於本（三）月底調整完畢，自四月一日起，照新規定實施，編餘人員，由各單位造冊報核，在未安置前，給與照舊，並仍由原單位發給。

2. 新組織職掌之調整者計——保安局已於二月底撤銷，地方部隊之編制、運用，分別劃歸三、五兩廳辦理，史料局改稱史政局，預備幹部管訓處改稱預備幹部局，另增設總務處統一辦理總務事項；此外確立預算、財務及人馬計算各項制度；氣象業務，原為統一起見，由空軍總部管理，現因另有擬議，仍暫維舊制，俟新決定確立後再行調整；人馬統計業務，原定由第五廳承辦，將改歸副官處辦理。

3. 原編制為三千九百卅一員，新編制為三千二百卅五員，人數減少為六百九十六員，比率減少為百分之十八。

指示：

本（三）月底調整完畢，時間過於迫促，須下月（四）方可完成。

又本部辦理復員官兵安置業務，經第五廳與第一廳商洽調整，編制由第五廳主辦，人事與安置由第一廳辦理。

八、監察局報告

　　本部卅五年度施政比較表請另指定單位承辦案（書面）。

指示：

卅五年度由史政局負責辦理，自本年度起，凡關於總的施政計劃與檢討，由第三廳承辦，各主管單位供給有關資料。

參、討論事項

一、請舉辦官佐士兵聯保連坐切結防止奸匪潛入活動案（第二廳提）

決議：

通過。

二、國防部編餘軍官佐屬安置辦法案（第一廳提）

決議：

通過。

三、擬請本部設立軍公文紙印刷廠以期劃一樣式案（第一廳提）

決議：

通過。

四、請規定軍事機構檔案辦法案（第一廳提）

決議：

通過。

五、請發給官佐軍呢大衣及雨衣案（部本部提）

決議：

交由聯勤總部查案簽辦。

肆、指示事項

無。

第二十七次部務會報紀錄

時　　間：三十六年四月五日上午九時至十一時四十分

地　　點：國防部會議室

出席人員：國防次長　　　　　林　蔚　　劉士毅　　秦德純

　　　　　參謀次長　　　　　郭　懺　　方　天

　　　　　部長辦公室　　　　黎行恕　　郭安仁　　張鶴齡

　　　　　總長辦公室　　　　錢卓倫　　張一為

　　　　　陸軍總部　　　　　林柏森

　　　　　海軍總部　　　　　桂永清

　　　　　空軍總部　　　　　周至柔（徐煥昇代）

　　　　　聯勤總部　　　　　黃鎮球　　陳　良

　　　　　各廳局處　　　　　於　達（劉祖舜代）

　　　　　　　　　　　　　　鄭介民（張炎元代）

　　　　　　　　　　　　　　郭汝瑰（王　鎮代）

　　　　　　　　　　　　　　楊業孔（洪懋祥代）

　　　　　　　　　　　　　　劉雲瀚　　錢昌祚

　　　　　　　　　　　　　　鄧文儀（李樹衢代）

　　　　　　　　　　　　　　王開化　　趙志垚

　　　　　　　　　　　　　　吳　石　　彭位仁

　　　　　　　　　　　　　　徐思平（鄭冰如代）

　　　　　　　　　　　　　　杜心如　　陳春霖

　　　　　　　　　　　　　　劉慕曾　　蔣經國（黎天鐸）

　　　　　中訓團　　　　　　黃　杰

　　　　　憲兵司令部　　　　張　鎮

　　　　　首都衛戍司令部　　馮其昌

　　　國防科學委員會　　徐庭瑤　李運華

　　　部本部各司　　　　趙學淵　鄭　澤　劉逸奇

　　　　　　　　　　　　趙　援　何孝元　廖行芳

　　　　　　　　　　　　劉詠堯　黎國培　李鴻毅

　　　　　　　　　　　　王正本

主　　席：部長白

紀　　錄：裴元俊

會報經過

壹、檢討上次會報實施程度

一、第一廳報告

　　1. 上次紀錄討論事項三，「擬請本部設立軍公文
　　　紙印刷廠。」軍字下遺一「用」字。

　　2. 報告事項二，所指示各項均已遵辦。

二、徵購司報告

　　請購美軍剩餘物資及敵偽物資辦理程序，徵求各
　　單位意見，除空軍總部送來外，其餘各單位請速
　　送以便綜合修正。

三、人力計劃司報告

主席指示：

轉業訓練期滿人員，在未獲實職前，可發薪兩個月至六
個月，行政院開會決定，凡受訓期滿人員，由本部墊發
月薪兩個月，如兩月後尚未派用實職，可由各主管部列
預算發月薪四個月。

四、中訓團報告

　　交通財務訓練班明日結業，各員薪餉，交通部、

財政部均自七月份起薪，請有關單位注意。

貳、報告事項

一、人力計劃司報告

1. 各軍官總隊，已限期結束，據各總隊報告，尚未停止收訓，請各主管單位注意，不再送訓，以便如期結束。

2. 中訓團收訓將官，已照原定安置計劃造冊報部，但其中尚有一百五十餘人未核定階級，並有已調任實職，名字尚保留在團者，應請中訓團及第一廳詳細查核。

3. 主席手令：綏靖區地方保安團隊組訓工作，應挑選優秀復員軍官擔任，經綏靖區政務委員會開會決定之要點如下：

   (1)綏靖區地方自衛隊，就綏靖區政務委員會原定辦法，及本部各警備部（綏署）地方自衛幹部訓練班實施辦法，加以修正，並增選校級軍官擔任自衛總隊隊附。

   (2)綏靖區民眾組訓，就綏靖區政委會原定辦法並參照共黨組織民眾武力方法，加以修正。

   (3)關於綏靖區保安團人事之調整，由本部第五廳擬具辦法，提交綏靖區政委會。

二、空軍總部報告

請購美軍剩餘物資及敵偽物資處理程序，規定至為妥善，空軍以需要及性能略有不同，擬提出補充意見二項：

1. 空軍所需普通物資，概照本程序辦理。
2. 凡屬航空及其有關物資，與陸海軍及聯勤不發生關係者，擬請由國防部呈請行政院轉飭物資供應局，及其他供應機構，先行撥交本軍應用，然後再照本程序二、四兩項補辦手續。

部長指示：

補具書面報告。

三、海軍總部報告

1. 接英國通知，有六艦可以移交，我已指定港口接收，英國震旦號，原定今秋可開回，現因故今年十月始可修竣，明年方能返國。
2. 美海軍顧問與海軍當局均不願海軍顧問受陸軍顧問支配，現訓練及工廠設備，均因此遲延。

總長指示：

陸海空軍，除技術訓練外，基本訓練及精神訓練與幕僚業務，均須統一，不能割裂，應向其明白表示。

四、中訓團報告

1. 武漢行政訓練班，三月二十八日已結業，其旅費、退役金、四、五月薪餉，均已清發，即可離團。
2. 勞動高級訓練班，已在漢口橋口新舊營房籌備就緒，召集令已下達，下月初可開學。（四千人訓練三個月）
3. 武漢警備部幹部訓練班，現有學員五百餘員，因安置困難，彭司令意見：擬懇分發部隊服務。

總長指示：

可分別撥交十一師及七十四師。

五、第一廳報告

　　本廳昨有上校參謀駱賓源患腦膜炎病故，請軍醫
　　署注意預防，埋葬費規定十六萬元不敷甚巨，由
　　各同事賻助，始得購棺收殮。

部長指示：

埋葬費應按實際需要，請求增加。

六、預算局報告

　　實物預算，行政院開會審查，認為應遵主席批示
　　發給，惟給實物或現款尚未決定，本部所報數字，
　　尚有研究檢討必要，已由本局與各單位從新檢
　　討，日內呈出。

七、服役業務處報告

　　年來本處呈辦業務，所有奉准改支軍官佐退（除）
　　役職經費，曾經奉准逐次在和平日報等公佈，截
　　至三十六年三月三十一日止，計收項一千八百
　　四十七億五千二百八十二萬一千四百元，支項一千
　　八百十七億零三百四十九萬四千三百六十元，尚
　　結存國庫三十億四千九百三十二萬七千零四十元。
　　自三十一日奉令結束，四月一日即移交第一廳接
　　收，關於業務費之收支，即以各報逐次公佈單位
　　姓名數額為據，列冊移交，此項經費與各單位均
　　有關係，特提出報告。

八、預備幹部局報告

　　1. 原青年軍新復員之單位，其復員經費預算停止，

　　　請予保留。

　　2. 行政院轉下復員優待辦法停止問題，擬請由部
　　　簽復，對新復員單位之復員志願兵之優待，仍
　　　予保留。

九、軍法處報告

　　臨時緊急軍政措施辦法，通用區域，前奉行政院
　　令擴大通用於晉、陝、豫、鄂、皖、蘇六省，旋
　　因綏靖區政務委員會成立，行政院根據綏靖區劃
　　分圖，規定須在區域內方能適用，因此上列各省
　　適用區域，發生糾紛，經本部簽報主席核示，奉
　　批仍須一律適用，並由國府令飭行政院轉行司法
　　行政部遵照，現司法行政部並未轉行，且仍堅持
　　前案，致上列區域內，一部份地方，懲辦盜匪煙
　　毒之管轄權限，軍法司法，仍有糾紛。

秦次長報告：

行政院院會時，曾經詳細討論，主席指示：在綏靖區
內，仍應施行。

部長指示：

應遵主席指示辦理。

參、討論事項

一、修正本部會報暫行通則案（林蔚提）

決議：

修正通過。

1. 第三條：

　1項，部務會報出席人員修正為：參謀總長、國防次

長、參謀次長、部總長辦公室主任、部本部各司長、
國防科學委員會主任委員、各廳局長、各總司令、各
總司令部參謀長、軍務局局長、中訓團教育長。

2項，參謀會報出席人員修正為：國防次長（一
人）、參謀次長、總長辦公室主任、祕書長、各廳
長、各總司令、各總司令部參謀長、軍務局局長、
中訓團教育長。

2. 第四條文書及總務會報分開，條文另行修正。

3. 第五條：「未了事件，留下次會報提出」二句，刪除。

4. 會報程序1項，修正為：「宣讀上次會報紀錄及檢
討實施情形。」

二、警察是否可以干涉軍人請討論案（監察局提）

決議：

擬復內政部依照一般法令辦理。

肆、指示事項

此次奉令宣慰台灣，一切詳情，曾經廣播，已誌報端，
茲將有關軍事各項，提出報告：

一、台灣事變，二十一師未到前，各要塞司令，情報確
實，處置適當，陸海空軍充分合作，表現優良。

二、台灣今後軍事安定力量仍甚重要，二十一師在台
灣裝備上，應飭供應局照編制補充齊全，各要塞
火炮，均甚優良，數目亦多，並有雷達設備，希
望照第二次修正編制編成。

三、台灣倉庫，所損失物品，正清理中，如不需用
者，應運回內地。

四、空軍機場尚有五十餘處，應速核定保留數目，其
餘應歸還民眾，俾增生產。

第二十八次部務會報紀錄

時　　間：三十六年四月十二日上午九時至十一時四十分
地　　點：國防部會議室
出席人員：國防次長　　　林　蔚　劉士毅　秦德純
　　　　　參謀次長　　　郭　懺　方　天
　　　　　部長辦公室　　黎行恕
　　　　　總長辦公室　　錢卓倫
　　　　　陸軍總部　　　林柏森
　　　　　海軍總部　　　桂永清
　　　　　空軍總部　　　周至柔（徐煥昇代）
　　　　　聯勤總部　　　黃鎮球
　　　　　各廳局處　　　於　達（劉祖舜代）
　　　　　　　　　　　　侯　騰　郭汝瑰
　　　　　　　　　　　　楊業孔（洪懋祥代）
　　　　　　　　　　　　劉雲瀚　錢昌祚（吳欽烈代）
　　　　　　　　　　　　鄧文儀　王開化
　　　　　　　　　　　　趙志垚（紀萬德代）
　　　　　　　　　　　　吳　石　彭位仁
　　　　　　　　　　　　徐思平　杜心如
　　　　　軍務局　　　　毛景彪
　　　　　國防科學委員會　徐庭瑤
　　　　　中訓團　　　　黃　杰（李及蘭代）
　　　　　部本部各司　　王正本　鄭　澤　何孝元
　　　　　　　　　　　　趙　援　廖行芳　趙學淵
　　　　　　　　　　　　劉詠堯　黎國培　劉逸奇

馬崇六

主　　席：部長白

紀　　錄：裴元俊

會報經過
壹、檢討上次會報實施程度
一、修正紀錄

　　報告事項五，第一廳報告：部長指示，末句「請求增加。」修正為「重新規定。」

二、第一廳報告

　　中訓團將官未核定階級百五十餘人，於上週已審查一部，餘正陸續審查中，已調任實職而名字尚保留在團者，亦正查核中。

部長指示：

應迅速辦理，並於下次會報時提出報告。

貳、報告事項
一、人力計劃司報告

　　1. 各軍官總隊限四月十五日前一律結束，曾通知各有關單位將復員軍官安置實施情形，及各總隊結束情形查報，並限本（四）月十五日送司，以便彙報。

　　2. 復員將官報請本部要求事項甚多，已分別函請各主管單位核簽意見，茲已彙表報告，請研究決定，以便答復。

二、土地及建築司報告

　　復員安置官兵屯墾案，定本（四）月十六日（星期三）上午九時在本部會議室邀集有關部門會商討論，請參加單位，屆時派員出席。

三、總長辦公室報告

　　1. 會報通則規定，部務參謀會報，每兩週一次，本日舉行部務會報，下週星期一舉行參謀會報，須再下週星期六舉行部務會報，如此交換，爾後不出通報，請各單位出席人員，注意日期時間，屆時參加。

　　2. 奉行政院令，夏令時間，本月十五日起撥早一小時（作息時間表不改）。

　　3. 遵主席手令，本部組織行政效率研究會，奉指定本室主任為主任委員，並派侯、張兩高參為副主任委員，各單位指派研究委員，美方派顧問參加，昨日由林克將軍召集第一次會議，參加人員有各辦公室主任，各總部參謀長，決定以後每週星期三舉行一次研究會，並提出研究項目共十二項，以後擬分組分別項目研究，預定五月內完成此項研究工作。

四、海軍總部報告

　　1. 接收日船十六隻，照日本賠償辦法，以後續有接收，人員感不敷用，希望照原規定人數外略予增加。又前偽海軍人員，過去均使用日船，可否規定限制辦法，錄用低級技術人員。

　　2. 關於海軍艦艇封鎖匪區，應保護救濟總署船隻

案，擬對救濟總署聲明兩項：

(1) 救濟總署船隻，駛入匪區，請將駛入及開離日期先行通知，如因不通知或遲誤，而致發生誤會，應由救濟總署自行負責。

(2) 救濟物資，由救濟總署船隻移置陸上，在總署船隻離開後，其物資如遭遇海軍艦艇意外擊燬，海軍不能負責。

3. 聞行政院將設置黃氾區復興局，本部似可於黃氾區安置復員軍官，特報告以供參考。

五、中訓團報告

核階問題，希早解決，本團已指定專人與第一廳洽辦中。

六、新聞局報告

1. 此次本局奉命攜款及宣傳品到陝北慰勞，頗有效果，刻在徐州之春節慰勞團，下月亦可赴陝北慰勞。

2. 西安民眾，正籌款慰勞陝北軍民，希望中央發動人民作物資及精神之慰勞。

3. 人民服務總隊，約千五百人到達延安，刻正分發各縣服務。

4. 陝北部隊鞋襪甚為需要，服裝亦希早為準備。

黃總司令答復：

鞋子已準備十二萬雙，即送陝北，服裝可按時換季。

七、預算局報告

本年度各業務部門所需外匯，曾遵指示，承辦部令三次，先後催報，以憑彙呈核定後轉請行政院

核定備用，截至十一日止，尚有幾個單位未報（海、空及聯勤三總部，新聞、史政局），請於下星期五以前列送預算局彙辦。

部長指示：

未送者應速送。

八、特種計劃司報告

赴日接收賠償案，仍需外匯，請各單位預將所需外匯，一併列入。

部長指示：

應專案呈請。

九、兵役局報告

1. 本年徵兵，因戰後停徵一年，除東北外，全國自九月份起方開始徵集，去年八月底截至今年三月底，各部隊缺額數累增約一倍，至現在實際各省已徵者，與配徵額相差只有數萬名。

2. 本部遵照兵役法，擬實行計劃徵補，徵額已奉主席核定。

   (1)海空軍本年需補名額、部隊番號及素質等，徵配地域，均希早日擬辦見示。

   (2)陸軍各部隊截至現在止之缺額，希聯勤總部擬辦見示。

   (3)關於本年撥補重點部隊番號，請三廳擬辦見示。

   (4)本年新增或裁減部隊之番號人數，請五廳擬辦。

上列各項請有關單位擬辦後，通知本局以便辦理。

部長指示：

出征安家費，原定二萬元，繼奉令增加為五萬元，應查明照實徵數補足。

參、討論事項

復員將官請求事項摘要及簽核意見表（人力計劃司提）

決議：

請求事項審查如次：

一、已有國民政府中訓團團員委令，不必再發證書。

二、國防建設協進會，並未成立，所請應無庸議。

三、除抗戰紀念章補發外，勳獎章應按法規辦理。

四、(1) 項如核簽意見。(2) 項軍文人員退役，照原規定辦理。(3) 項軍官服黨工職務者，照軍官年資計算。(4) 項依法規辦理。

五、如核簽意見。

六、(1) 至 (5) 項如核簽意見。(6) 項不能給予名義。(7) 項所有將校尉官退役俸，均由國防部發給，為使各員領取方便計，就各員所在地之團管區轉發。

七、如核簽意見。

八、如核簽意見。

九、不能發給。

十、如核簽意見。

十一、不能分發任用。

肆、指示事項

一、赴東北軍官總隊學員，聯勤總部應速運輸。

二、各軍官總隊結束在即，分派各地人員，亦亟須從
　　速運輸，以免迫留影響軍紀，各種手續，均應從
　　速辦妥。

三、一次退役金給與，係照去年七月待遇，亟應研究
　　重新調整，預算局、財務署與第一廳照二月份新
　　給與計算，應增加若干經費，於三日內呈閱。

第二十九次部務會報紀錄

時　　間：三十六年四月二十六日上午九時至十二時三十分

地　　點：國防部會議室

出席人員：國防次長　　　林　蔚　秦德純　劉士毅

參謀次長　　　郭　懺　方　天

部長辦公室　　黎行恕

總長辦公室　　錢卓倫

陸軍總部　　　林柏森

海軍總部　　　桂永清　周憲章

空軍總部　　　周至柔（徐煥昇代）

聯勤總部　　　趙桂森（胡獻昂代）

各廳局處　　　於　達（劉祖舜代）

鄭介民（張炎元代）

郭汝瑰（王　鎮代）

楊業孔（洪懋祥代）

劉雲瀚　錢昌祚（吳欽烈代）

鄧文儀　王開化（孫嘯鳳代）

趙志垚（紀萬德代）

吳　石　彭位仁（金德洋代）

杜心如　蔣經國（賈亦斌代）

軍務局　　　　毛景彪

國防科學委員會　徐庭瑤

中訓團　　　　黃　杰（李及蘭代）

部本部各司　　王正本　鄭　澤

何孝元　趙　援

　　　　　　　　袁同疇　劉詠堯

　　　　　　　　趙學淵　陳自強

　　　　　　　　劉逸奇　馬崇六（李鴻毅代）

主　　席：部長白

紀　　錄：裴元俊

會報經過

壹、檢討上次會報實施程度

一、第一廳報告

　　將官核階已核定八六七員，中訓團尚有少數未送核，俟送來即可辦理。

二、總長辦公室報告

　　1. 參謀會報現改為星期六下午三時舉行。

　　2. 上次會報，部長指示一次退役金給與，應照現行給與重新調整，增加若干經費，由預算局、財務署、第一廳計算，於三日內呈閱，當即通知各有關單位辦理，據財務署函復：以退役人數未確定，故經費無法計算，查此案事關經費預算，似仍應由人事單位計算清楚。

林次長報告：

退役經費，本年預算列有科目，係照去年九月給與，官兵人數係預定概數，此項經費實際已墊支去年退役金，一俟去年退役人員辦理完畢，今年應退役者，應另請追加預算。

三、預算局報告

　　部長指示安家費，應按照實徵額補足五萬元案，

已遵擬辦法呈核中。

四、人力計劃司報告

黃泛區復興局，現正由行總籌備中，已將安置復員軍官意旨與其洽商，俟籌備就緒，將來可安置一部復員軍官。

貳、報告事項

一、特種計劃司報告

1. 本部派赴日本接收人員之費用，因行政院賠償委員會久無規定，擬遵總長指示，照駐日軍事人員之待遇，此案已移請預算局核簽意見。

2. 本部提出已獲行政院賠償委員會通過，要求日本賠償之第一批軍需工廠十二個，另工具機一萬一千九百零二具，估計噸位約十萬噸，由日本運至中國港口，運費約二百四十餘億，內運費及建廠費約三千九百六十六億。

3. 本部陸海空軍，利用日本賠償之造船建廠案，概況如要圖所表。（略）

4. 第四廳會本司所擬提之中國軍需工廠配置方案，奉部長諭提出下次會報報告，請各單位將原件帶回，賜予研究，下次會議併請原件帶來討論。

二、軍職人事司報告

關於本部與美顧問團人事會議資料，經召集有關單位開會研討，決定各項如次：

1. 此項資料，屬於美方人事制度部份者，由軍職

人事司整理，屬於所提問題解答部份者，由文職人事司整理。

2. 此次所整理之人事資料，僅係美方所提出之一部份，應繼續搜集，並由各單位開列項目，送由第一廳彙齊，向美顧問團搜集整理。

3. 目前我國人事，應從速切實清理，以期各種資料之齊全，倘將來呈奉採取美國人事制度時，以便實施。

三、人力計劃司報告

1. 主席四月二十日手令，飭擬復員軍官安置辦法呈核，凡不能轉業者，應設法保留其原薪，從事收復區地方行政基層工作，不可將不能安置軍官，硬派至各部各省，要求其安置，等因；查復員軍官之安置，大部退役，一部留用，其轉業者，人數極少，且事先均向各部各省洽妥，擬將安置辦理詳情，呈復主席。惟手令中，應注意之點，即後勤總部所屬各機關部隊之軍官，多屬老弱，應加調整。

2. 各軍官總（大）隊結束情形，已結束二十五個總隊，四個大隊，尚有四個總隊一個大隊未結束，其安置情形如另表。

3. 屯墾授田案，已召集中央及本部有關各單位會商決定，擬一整個屯墾計劃（人數、田數及事業費），並擬先辦鎮江、瑞昌、洞庭三墾區，分別簽呈主席核示。

四、總長辦公室報告

　　陸海空軍紀念節日，空軍已定八一四為空軍節，
　　陸海軍節尚未規定，前軍委會曾經提出討論，陸
　　軍以北伐誓師或七七為節日，爭論未決，查海軍
　　可資紀念之日不多，可否以肇和起義為紀念日，
　　特提出報告請示決定。

部長指示：

由部長辦公室綜合各單位意見，簽呈主席核定。

五、海軍總部報告

　　1. 台灣現有十一個小規模鍊鋼廠，將讓與民營，
　　　 查此等小廠，前日人純為海軍之用，擬請由部
　　　 呈請主席，撥歸海軍應用。

　　2. 榆林港製冰廠及製罐頭廠，為農林部管理，已
　　　 破壞不堪，本部曾與接洽，請撥歸海軍修理應
　　　 用，擬用魚船捕魚，製造食用罐頭。

　　3. 接收旅大案（略）。

部長指示：

一、二兩項，可簽呈核示，三項應與外交部研究。

六、中訓團報告

　　1. 中訓團將官共有二、二八九員，計中將二五七
　　　 員，少將二、〇三二員，已安置而未離團者
　　　 一、八〇九員，待安置者四八〇員。

　　2. 各軍官總隊，約有九萬餘人，現確數尚未報
　　　 齊，惟迄至四月底預定約為六萬餘人，各總
　　　 （大）隊正分別編併結束中。

　　3. 軍統局編餘人員六千餘人，尚待安置。

4. 第一期交通人員訓練班已結業，第二期將召
　集，已下令各軍官總隊轉業交通人員，在無錫
　集中，待中央體育場空出後，即來京受訓，頃
　聞交通部有第二期緩辦之說，應請人力計劃司
　力爭。

人力計劃司答復：

正與交通部洽商中。

部長指示：

將官安置案，由劉次長（士毅）召集人力計劃司、第一
廳、中訓團，於下週星期一上午十時開會研究，速定處
理辦法。

七、第一廳報告

1. 三十五年本部特優人員，定下週星期一午後四
　時，在本部大禮堂主席點名訓話，請林參謀長
　指揮，服裝規定業已通報。

2. 改變服制定於五月一日實施，肩領章應請發
　出，以便一律佩帶。

八、新聞局報告

1. 各級新聞訓導機構，本月底可改組完成，編餘
　中下級幹部，可照規定入就地軍官隊轉業、資
　遣或退役，然高級正副主官，則無處辦理，督
　導團奉核准一個團，現各員多來電，或已來京
　請示行止，擬請准入中訓團辦理轉業退役。

2. 新聞訓練班已訓練三週，學員現已報到八百六
　十員，因各地交通困難關係，限本月底截止，
　茲請示三項：

⑴擬延長訓練期間三週。

⑵除各軍官總隊考選及編餘政工人員外，青年軍預備軍官考選約二百人，請准備案。

⑶第二期因事實需要，擬在人民服務總隊每總隊各考選五百人補訓。

部長指示：

編餘高級正副主官安置，請示總長決定，每人民服務總隊考選五百人補訓案，如有缺，可以調用。

九、秦次長報告

徐州近又發生軍需倉庫大火案，國家損失至大，於士氣人心亦有影響，茲建議兩點如下：

1. 由徵購司會同第四廳、六廳、聯勤總部及兵工署，妥切擬定對於保管軍械官兵訓練管理，及軍械保管技術，及待遇等辦法，確定施行。

2. 另由聯勤總部派專員，攜帶該辦法赴各地軍械庫查看各該庫保管現狀，安置物品辦法，及官兵教育情形，即予以指示改善。

部長指示：

由秦次長召集有關單位會商。

參、討論事項

一、為本部對駐華外國使節行文，請規定主辦機關辦理案（第二廳提）

決議：

照所擬意見辦理，惟擬辦⑵項應修正為：「本部對美國顧問團行文，由各主管單位承辦，送副官處編號分文

收發。」

二、為農墾人員訓練班學員一次退役金，請仍發給案
　　（中訓團提）

決議：

照發。

肆、指示事項

無。

第三十次部務會報紀錄

時　　間：三十六年五月十日上午九時至十一時三十分

地　　點：國防部會議室

出席人員：國防次長　　　　林　蔚　劉士毅　秦德純

　　　　　參謀次長　　　　郭　懺　方　天

　　　　　部長辦公室　　　黎行恕

　　　　　總長辦公室　　　錢卓倫

　　　　　陸軍總部　　　　林柏森（冷　欣代）

　　　　　海軍總部　　　　周憲章

　　　　　空軍總部　　　　周至柔（徐煥昇代）

　　　　　聯勤總部　　　　黃鎮球　趙桂森

　　　　　各廳局　　　　　於　達　鄭介民（張炎元代）

　　　　　　　　　　　　　郭汝瑰（王　鎮代）

　　　　　　　　　　　　　楊業孔　劉雲瀚

　　　　　　　　　　　　　錢昌祚　鄧文儀

　　　　　　　　　　　　　王開化　趙志垚

　　　　　　　　　　　　　吳　石　彭位仁

　　　　　　　　　　　　　徐思平（尹呈佐代）

　　　　　　　　　　　　　杜心如　蔣經國（賈亦斌代）

　　　　　軍務局　　　　　毛景彪

　　　　　中訓團　　　　　黃　杰（李及蘭代）

　　　　　部本部各司　　　王正本　鄭　澤

　　　　　　　　　　　　　何孝元　趙　援（王如龍代）

　　　　　　　　　　　　　袁同疇　劉詠堯

　　　　　　　　　　　　　趙學淵　陳自強（黎國培代）

劉逸奇　馬崇六（李鴻毅代）

國防科學委員會　徐庭瑤

列席人員：新聞局　　　羅靜予

主　　席：國防次長林代

紀　　錄：裴元俊

會報經過

壹、檢討上次會報實施程度

貳、報告事項

一、特種計劃司報告

本司趙司長隨部長公出，關於第四廳會本司所擬
提之中國軍需工廠配置方案，請留待下次部務會
報討論。

二、文職人事司報告

新定肩領章現已實行佩帶，惟關於文職人員方
面，有兩點請示：

1. 依照規定，軍官佐校尉兩級領章均分兵種業
科，將級則一律佩帶梅花，獨軍文將級仍用圓
形領章，不無歧異，可否將級軍文亦佩帶梅
花，以昭一致。

2. 部本部設有文官若干員，應否穿著軍隊及佩帶
肩領章，亦請指示。

指示：

與第一廳書面報告併案討論。

三、人力計劃司報告

    1. 復員將官安置問題，已召集有關單位開會商討，重要決議如下：

        (1) 收訓將官總數 2,289 員，已安置 726 員，核定上校 254 員，未安置 1,309 員，在家未報到約 100 人，共待安置者約 1,400 員。

        (2) 擬定安置辦法，計深造 200 員，留用 430 員，退役 400 員（已報退役者 150 員），轉業 370 員（警高、行政、工礦、交通）。

    2. 第二期轉業交通一千人，經一再與交通部洽商，結果不能收訓。

    3. 各總（大）隊結束後，改為直屬大隊，上月底止人數尚有六萬餘人，經第一廳召集有關各單位決定，派出考察組，一面辦理各大隊結束，一面考核各總隊辦理復員成績。

    4. 各大隊結束後，不能安置之人員，擬編為別動隊協助剿匪，或派在收復區擔任地方基層工作，或集團送黃泛區屯墾。

四、徵購司報告

上次會報奉諭由本司會同第四廳及各總部開會商討關於軍械倉庫整理案，業於上週召集各單位商討詳細辦法，由兵工署主稿，刻正呈核中。

五、第一廳報告

陸軍服制改訂情形。（書面）

指示：

軍文肩領章仍照規定佩帶。

六、海軍總部報告

　　派艦巡視西沙島情形。（略）

七、第六廳報告

　　國防科學研究經費所需外匯，擬請提前請發一部，以資應用。

指示：

各單位所需外匯案，均已呈出，尚未領到。

八、新聞局報告

　　1. 綏靖宣傳費，奉預算局通知，以綏靖經費未奉核定，自六月份起停發，查剿匪宣傳及部隊教育，迭遵主席暨總長指示，應加強並多印發傳單標語，惟物價高漲，印刷紙張費用較原定預算增加四倍以上，仍請繼續發給，並酌予增加。前本局撥交副官處管理之印刷所亦請撥還本局，聯勤總部接收敵偽物資之紙張增撥一千噸，藉利宣傳教育。

　　2. 中國電影製片廠，本年預算漏列，現業務亟待開展，請准增列並先撥發製片及修理廠址費三十一億元。

指示：

1. 綏靖區政委會撤銷後之軍政配合問題，由新聞局提出具體資料，以便呈供行政院研究。

2. 紙張交聯勤總部查明辦理。

九、民事局報告

　　1. 綏靖區政務委員會結束情形如下：

　　　(1)綏靖區政委會五月一日起撤銷，業經劃定之

綏靖區暫時保持，各項有關法規亦繼續有
效，業務分別由主管部會辦理，繼續到會文
件，改由行政院祕書處接辦，所有案卷公
物，亦分別移交行政院祕書處。

(2)綏靖區殉職專員、縣長、警察局長等特卹金
之核發，應由該會連同預算餘額專案移交行
政院祕書處接辦。

(3)綏靖區實驗縣縣政之推進，由內政部負責指
導各該省政府辦理。

(4)各機關調用人員，仍回原機關服務，專任人
員及僱員留辦結束後，發薪三月遣散。

(5)結束期間經費按月份分配預算繼續支用，不
另擬經費預算，呈院動支各款，由會經領支
用者其報銷由會辦理之，其由各機關經領支
用者，由經領機關逕行辦理報銷。

2. 綏靖區政委會撤銷後，關於綏靖區政務推行方
案，奉諭擬就呈核中。

十、預算局報告

1. 今年追加預算案，奉總長諭，各單位究需若干提
出研究，已通報各單位請速提出交本局彙辦，以
便一次提出。

2. 外匯須呈主席批准，本部所需外匯，均已先後
彙呈行政院，尚未批下，外匯提高後增加經費，
已由本部整個提出追加，留學考察費，預算甚
少，各單位已經派到外國人員所需已超過預算
一倍。

3. 本部人數，上半年計四九〇萬人，下半年三百萬人，糧服金錢均按此標準計算，現在實際恐與原定不符，應請主管單位呈報主席確定後，始可辦理預算。

4. 綏靖經費，係另案請求三百億，已奉主席逐項分別批示，關於必需之工事費及新聞局所需費用，請即提供材料，以便呈請。

5. 國防科學費增加之二百億，原擬在行政費項下開支，但現以行政費項目已經固定，應請追加。

指示：

1. 人數問題應於六月以前報請主席確定數字。

2. 國防科學費，應請追加。

十一、第一廳報告

交通部四月二十四日發出之公文，詢問國防部是否派員參加國際電訊及廣播會議，以便提請行政院核派，此文到廳較遲，經分知各有關廳局及各總部，得復後簽奉總長核准，函復交通部尚未得復，但五月三日報載此項出席人員已由政府公佈，並已於五月一日乘船出國。

參、討論事項

一、擬請在本部大禮堂前面建築小型受降塔，或巨型受降碑案（參謀總長辦公室提）

決議：

請示總長。

二、查六月一日為本部成立週年紀念日，擬舉行紀念
　　儀式案（參謀總長辦公室提）

決議：

參照乙案僅對內部舉行檢討，不必對外發表及舉行儀式。

三、為請核定本局中國電影製片廠，本年度製片費及
　　建築費預算案（新聞局提）

決議：

交新聞局、預算局、第四廳研究。

四、擬具國軍眷糧發給方案請核定實施（聯勤總部提）

決議：

照乙案暫行辦理，一面報請行政院增加。

肆、指示事項

無。

第三十一次部務會報紀錄

時　　間：三十六年五月二十四日上午九時至
　　　　　下午零時三十分

地　　點：國防部會議室

出席人員：國防次長　　　　林　蔚　劉士毅　秦德純

　　　　　參謀次長　　　　郭　懺　方　天

　　　　　部長辦公室　　　黎行恕

　　　　　總長辦公室　　　錢卓倫

　　　　　陸軍總部　　　　林柏森

　　　　　海軍總部　　　　桂永清　周憲章

　　　　　空軍總部　　　　周至柔（胡百錫代）

　　　　　聯勤總部　　　　黃鎮球

　　　　　各廳局　　　　　於　達　鄭介民（張炎元代）

　　　　　　　　　　　　　郭汝瑰（王　鎮代）

　　　　　　　　　　　　　楊業孔（洪懋祥代）

　　　　　　　　　　　　　劉雲瀚（徐汝誠代）

　　　　　　　　　　　　　錢昌祚　鄧文儀（李樹衢代）

　　　　　　　　　　　　　王開化（廖濟寰代）

　　　　　　　　　　　　　趙志垚　吳　石

　　　　　　　　　　　　　彭位仁（王廷拔代）

　　　　　　　　　　　　　徐思平（尹呈佐代）

　　　　　　　　　　　　　杜心如　蔣經國（賈亦斌代）

　　　　　國防科學委員會　徐庭瑤（李運華代）

　　　　　中訓團　　　　　黃　杰（李及蘭代）

　　　　　部本部各司　　　華振麟　鄭　澤

何孝元　　趙　援

袁同疇　　劉詠堯

趙學淵　　陳自強（黎國培代）

劉逸奇　　馮　衍（李鴻毅代）

列席人員：第五廳　　　　劉　雋

　　　　　運輸署　　　　郗恩綏

主　　席：國防次長林代

紀　　錄：張一為

會報經過

壹、檢討上次會報實施程度

一、人力計劃司報告

　　十四日召集有關單位會議，對將官安置，已訂有
　　切實辦法。

二、總長辦公室報告

　　本部大禮堂前面建築受降碑案，遵批已送工程署
　　設計圖案呈核。

貳、報告事項

一、林次長報告

　　美軍顧問團二十八日來部參觀案。（提出抄送各單
　　位，業已辦理。）

二、特種計劃司報告

　　1. 本司撤銷，主管之「抗戰軍事損失調查」及「日
　　　　本賠償」兩項業務，移歸工業動員司主管辦理；
　　　　至主管之佔領軍有關業務，因已告結束，即行

停辦。

2. 軍需工廠配置方案業經擬就，待下次會報提出討論。

三、中訓團報告

1. 留用軍官，擬准予自由選擇服務之部隊。

2. 留用將官分派到部隊服務案，請主管機關於分配員額時，將各部隊業已調任服務者亦作為分配額，加入計算，免再事變動，不合自願原則。

3. 各轉業訓練班，退役金有尚未領到或領到而不敷者，以致月底不能分發學員，辦理結束，請主管單位從速分發。

第一廳於廳長答復：

各班遲遲不造報名冊，無所根據，本部為爭取時間，只好就人數按平均階級及平均年資之標準，發給概數，似已足用，為明了實際情形，已派員前往實施視察。

4. 退役軍官以退役證尚多未發下，不欲離團，現雖勸其先行回籍，容後寄到，恐下月因此仍有多人留團，請予速辦。

第一廳於廳長答復：

不遵規定繳呈詳歷及像片，退役證無法填發。

指示：

像片即由團統一攝取，至詳歷第一廳已有案可免繳，以求迅速。

四、第二廳報告

1. 東北尚待遣送之日俘約四萬二千人，明日（廿五）首批之三千人可運至葫蘆島，亟待船隻輸

送日本，聯勤總部前允撥用之船隻，現尚未撥
到，時間甚為迫切；又本部此次調整組織職掌，
對日俘遣送，計劃歸第四廳，實施歸聯勤總
部，第二廳即不主管此項業務，惟因有過去之
承辦經驗，第四廳如有需要，願予協助。

運輸署郗署長答復：

目前軍運頻繁，船隻無法抽出，即使照前約撥用登陸艇
一隻，以之運輸二萬餘人，費時在一年以上，於事亦無
所濟；況現在我國境內之日人，多屬日僑，而非日俘，
日僑之遣送，為行政院之事，本部無遣送之責，似應轉
請辦理而不必自行承辦。

指示：

二、四兩廳會同郗署長一面擬文呈請行政院轉知交通部
撥船輸送，一面電東京商團長就日本或盟軍總部設法船
運，雙方併進，以便選擇可靠者擔任輸送。

　　2. 現在尚不時有零星日俘集中各港口遣送，上海
　　　　原有該處之戰犯管理處兼辦此項業務（檢查及
　　　　接洽船隻），近因裁撤，移由港口司令部辦
　　　　理，惟顧慮熟習起見，擬將戰犯管理處承辦此
　　　　項業務人員，調入港口司令部，似應准予增加
　　　　編制。

指示：

此後集於上海待運之日人，多係僑民，應移上海市政府
辦理；在未交涉妥當以前，戰犯管理處可酌留數人臨時
在港口司令部服務，不必增加編制。

五、預算局報告

1. 調整待遇及無著之服裝費，退役金與徵兵安家費等數字（略）。

2. 明年度預算，依規定本年六月開始編造，七月底送出，次長林已批：「由第三廳擬明年工作計劃，第四廳據此擬補給計劃，核定後發交四個總司令部根據編造，由下而上。」希望把握時間，按時完成。

指示：

各單位應分別準備。

3. 財務學校即將籌備開辦，但財務制度尚未確定前，似無標準以訓練新的財務人員，財務署方面是否可以考慮緩辦？

指示：

報由林次長請召集小組會議討論決定。

參、提案討論

一、擬廢除上校（少將）兩階增設准將一階案（第一廳提）

決議：

1. 原則通過，簽呈核示。

2. 辦法上可參酌美方精神（中校優秀者可直接升少將），優秀之上校即直接升為少將。

二、本部十三個區黨部請借押金租屋辦公案（預算局提）

決議：

照第一案辦理。

肆、指示事項

無。

第三十二次部務會報紀錄

時　　間：三十六年六月二十一日上午九時至十一時三十分
地　　點：國防部會議室
出席人員：參謀總長　　　陳　誠
　　　　　國防次長　　　林　蔚　劉士毅　秦德純
　　　　　參謀次長　　　黃鎮球　方　天
　　　　　部長辦公室　　黎行恕　趙　援
　　　　　總長辦公室　　錢卓倫
　　　　　陸軍總部　　　林柏森
　　　　　海軍總部　　　桂永清　周憲章
　　　　　空軍總部　　　周至柔
　　　　　聯勤總部　　　黃　維　趙桂森
　　　　　各廳局　　　　於　達　鄭介民（張炎元代）
　　　　　　　　　　　　羅澤闓　楊業孔
　　　　　　　　　　　　劉雲瀚　錢昌祚
　　　　　　　　　　　　鄧文儀　王開化
　　　　　　　　　　　　趙志垚　吳　石
　　　　　　　　　　　　彭位仁　徐思平
　　　　　　　　　　　　杜心如　蔣經國（徐思賢代）
　　　　　中訓團　　　　黃　杰（李及蘭代）
　　　　　軍務局　　　　俞濟時（朱永堃代）
　　　　　部本部各司　　華振麟　鄭　澤　何孝元
　　　　　　　　　　　　廖行芳　劉詠堯　趙學淵
　　　　　　　　　　　　陳自強　劉逸奇　馮　衍
　　　　　國防科學委員會　徐庭瑤

列席人員：朱　霖（航空工業局局長）

　　　　　陳再安　莊　權

主　　席：部長白

紀　　錄：裴元俊

會報經過

壹、檢討上次會報實施程度

修正紀錄：討論事項，增設准將一階案撤銷。

貳、報告事項

一、部長辦公室報告

　　規定陸海軍紀念節日案，已綜合各方意見，書面報告，即請核示。

指示：

陸軍擬定七七，簽呈主席核示，海軍暫不規定。

二、人力計劃司報告

　　1. 編餘將官安置情形，現有人數為一、一二六員，除調陸大深造二零八員，兵役五四員，轉業警官二〇員，退役一〇二員，共三四八員外，其餘七四二員留用，分發各機關部隊服務，由第一廳趕辦中。

　　2. 各軍官大隊校尉官現有人數計二四、二一四員，已安置待離隊者一〇、八一〇員，可能安置者五、三九〇員，尚待安置者八、〇一四員，預定六月底可能安置完畢。

三、海軍總部報告

　　1.接四廳通知，行政院召開會議，擬以接收日本艦
　　　艇改為商船，查此項日艦，多係護航艦與驅逐
　　　艦，不便改裝商船。

　　2.日本賠償艦，速率均較我現有各艦為高，仍請
　　　接收。

總長指示：

1.接收日本賠償及美方剩餘物資，總以短期內能消化為
　原則，今年不能消化者，不必接收，否則倉庫運輸
　均感困難，海軍現有船隻，亟應清理，有用者始可
　接收。

2.河北有一省委來談，北平補給區接收鐵管頗多，均未
　利用，商請移讓作為鑿井之用，聯勤總部應清查倉
　庫，本部無用材料，應即繳交政府，另行利用。

四、新聞局報告

　　1.新聞班八七二人已結業，正辦理分發中。

　　2.奉令每團應設人民服務隊，需新聞幹部二千餘
　　　人，仍需訓練。

五、預算局報告

　　調整待遇案，正呈主席核示中。

參、討論事項

一、為救濟本部職員及其眷屬之住屋，提供國防部新
　　村建築計劃案（林次長提）

決議：

興建眷屬住宅原則通過，其方法可採逐步興建與利用自

有人工材料，力求經濟辦法，本案交由民用工程司、預
算局、聯勤總部會辦。（由聯勤總部主辦）

二、為請詳明規定陸軍軍便服之穿著方式，領肩章之
　　佩綴方法，並取締勳獎表之濫佩濫售，以肅風紀
　　而重名器案（軍職人事司提）

決議：

交第一廳參照統一規定，並提下次會報報告。

三、國防部本年度七月一日至八月三十一日夏季作息
　　時間，應如何擬定提請公決案（總長辦公室提）

決議：

修正通過如次：

辦公時間上午改為七時三十分至十一時三十分，下午改
為四時至七時。

四、中國軍需工廠配置方案（特種計劃司、第四廳提）

決議：

由秦次長召集有關單位會商研究。

肆、指示事項

無。

第三十三次部務會報紀錄

時　　間：三十六年七月五日上午九時至十一時二十分

地　　點：國防部會議室

出席人員：國防次長　　　　劉士毅　秦德純

　　　　　參謀次長　　　　林　蔚　方　天

　　　　　部長辦公室　　　黎行恕

　　　　　總長辦公室　　　錢卓倫

　　　　　陸軍總部　　　　林柏森

　　　　　海軍總部　　　　周憲章

　　　　　空軍總部　　　　周至柔（徐煥昇代）

　　　　　聯勤總部　　　　黃　維　趙桂森

　　　　　各廳局　　　　　於　達　鄭介民（張炎元代）

　　　　　　　　　　　　　羅澤闓　楊業孔（洪懋祥代）

　　　　　　　　　　　　　劉雲瀚（徐汝誠代）

　　　　　　　　　　　　　錢昌祚　鄧文儀

　　　　　　　　　　　　　王開化（廖濟寰代）

　　　　　　　　　　　　　趙志垚　吳　石

　　　　　　　　　　　　　彭位仁　徐思平

　　　　　　　　　　　　　杜心如　蔣經國（賈亦斌代）

　　　　　軍務局　　　　　毛景彪

　　　　　中訓團　　　　　黃　杰（李及蘭代）

　　　　　國防科學委員會　徐庭瑤（李運華代）

　　　　　部本部各司　　　王正本（黃友訓代）

　　　　　　　　　　　　　鄭　澤（許培表代）

　　　　　　　　　　　　　錢詒士　廖行芳

　　　　　　　劉詠堯　趙學淵

　　　　　　　陳自強　劉逸奇

　　　　　　　馮　衍

列席人員：黃顯灝

主　　席：部長白

紀　　錄：裴元俊

會報經過

壹、檢討上次會報實施程度

一、部長指示

　　新村建築計劃，面呈主席，已獲同意，惟指示地點應在小營以西，或另覓其他地址。

二、工程署報告

　　藍家莊（考試院附近）靶場，面積約七十畝，可建二八〇家住宅，工程署擬有計劃，以五十億元預算，先行興建，並與經濟部商定每月撥官價煤 500 噸，交磚瓦商人，可減價三分之一，至木料擬在台灣購運，擬請由部通知台省府予以協助。

三、秦次長報告

　　軍需工廠配置方案，已由趙司長綜合各方意見修正付印，即可召集討論。

四、人力計劃司報告

　　轉業校尉官尚有六千人待召訓，須七月份始能結束。

貳、報告事項

一、總長辦公室報告

上次會報決定七、八月份辦公時間，附記欄內有星期日休假一條，係照上年度規定，各單位因業務需要，可不必受此項附記之限制。

二、海軍總部報告

接收日艦八艘已到滬，明（星期日）晚即率各部門人員，並會同美軍顧問團指派人員，前往檢驗接收。

三、第一廳報告

1. 軍便服襯衫兩種，規定短袖在室內穿著，長袖在室外穿著，不打領帶。

2. 軍便服肩章，美方不佩，本部規定仍應佩帶。

3. 黨政軍人事座談會，黨政方面出席人員，均屬高級負責人，本部應指定人員出席，又七月份由軍方主持，召集日期及開支款項等請指示。

劉次長報告：

夏季軍常服腰帶，似無用途，可否取銷？

新聞局報告：

軍便服褲帶式樣甚多，應加規定。

部長指示：

1. 軍便帽帽花大小及佩帶位置，褲帶式樣顏色均應規定。

2. 軍便服領帶照規定不打，肩章應佩帶，軍常服腰帶不必變更。

3. 黨政軍人事座談會，由劉次長（士毅）主持，用費在部經費內開支。

四、新聞局報告

1. 日前主席指示，各省保安隊、自衛隊之訓練，應由新聞局加以注意，是否可派新聞指導員，過去保安司令部有政治部，現警保處擬設新聞室。

2. 新聞記者請求赴四平街視察，總長已應允，是否限定區域及人數？請示。

部長指示：

請示陳總長決定。

五、預算局報告

1. 調整待遇案，已奉准公佈，官兵薪餉及辦公教育洗擦等費，均自五月份起調整，副食自六月份起調整，詳細數目已印發，惟每月收支不敷之數，應如何籌補，正簽請核示中。

2. 追加預算案，除兵工經費及機場跑道修築費追加案，已奉行政院准予核列一部份，外匯匯率調整後，應需追加之預算，已奉院令批駁不准，至本年下半年度，尚需追加之預算，正呈部核轉中。

3. 退役金除將本年度預算所列全部移墊外，另又籌墊七百億元，調整待遇後，每月不敷經費亦須墊付，此次接收美方剩餘物資又須籌墊，墊款過多，影響財務週轉。

部長指示：

各省徵兵安家費，規定增為五萬元，聞增加數目尚未發出，預算局、兵役局應速查報。

六、預備幹部局報告

安徽青年軍士兵肇事案，經交軍法處法辦，認為
情節甚輕可以保釋。

七、林次長報告

建立地方自衛武力案，各方建議甚多，主席以下
均表同意，惟迄無實施方案，此事與行政院之內
政部有關，亟應擬定優良計劃，付諸實施，擬請
由部本部劉次長主持，召集各有關單位擬辦。

部長指示：

先由鄧局長會同民事局蒐集綏靖區政務委員會所擬收復
區民眾自衛武力建立各種辦法研究，提供意見，送由劉
次長主持，召集三、四、五廳、新聞、民事、兵役等局
及人力計劃司會商研究，最後由本人參加決定。

參、討論事項

青年職業訓練班結業學生請予安置案（預幹局提）

決議：

一項與海軍總部、聯勤總部、通信署洽辦。

二項由人力計劃司提行政院會議研究。

四項由新聞局負責安置。

三、五兩項交聯勤總部研究。

肆、指示事項

無。

第三十四次部務會報紀錄

時　　間：三十六年七月十九日上午九時至十一時二十分

地　　點：國防部會議室

出席人員：國防次長　　　　劉士毅　秦德純

　　　　　參謀次長　　　　林　蔚　方　天

　　　　　部長辦公室　　　黎行恕

　　　　　總長辦公室　　　錢卓倫

　　　　　陸軍總部　　　　林柏森

　　　　　海軍總部　　　　桂永清　周憲章

　　　　　空軍總部　　　　周至柔（劉炯光代）

　　　　　聯勤總部　　　　黃　維　趙桂森（胡獻昂代）

　　　　　各廳局　　　　　劉祖舜　張炎元

　　　　　　　　　　　　　羅澤闓　洪懋祥

　　　　　　　　　　　　　徐汝誠　吳欽烈

　　　　　　　　　　　　　李樹衢　王開化

　　　　　　　　　　　　　趙志垚　戴高翔

　　　　　　　　　　　　　彭位仁　鄭冰如

　　　　　　　　　　　　　杜心如　蔣經國（徐思賢代）

　　　　　國防科學委員會　徐庭瑤

　　　　　中訓團　　　　　黃　杰（李及蘭代）

　　　　　軍務局　　　　　毛景彪

　　　　　部本部各司　　　華振麟　何孝元

　　　　　　　　　　　　　廖行芳　劉詠堯（蔣廷樞代）

　　　　　　　　　　　　　趙學淵　陳自強

　　　　　　　　　　　　　劉逸奇　馮　衍

主　　席：部長白

紀　　錄：裴元俊

會報經過
壹、檢討上次會報實施程度
一、修正紀錄

　　報告事項二，海軍總部報告末句「接收」二字刪除。

二、總長辦公室報告

　　與工程署到太平門外偵察住宅地址，自太平門以迄堯化門，有地數千畝，全係陵園園址，蔣廟附近最適建築住宅，但已為中央合作金庫及農場各租去千畝，現已無良好地址可供選擇。

民用工程司報告：

太平門外近無適當地址，再遠又與興建目的不合，已函請地政局檢送地產圖先予研究，聞中山門外陵園尚有地可租，清涼山亦尚有地，擬再偵察。

三、預備幹部局報告

　　青年職業學校畢業學生，已與各單位接洽，均可安置。

四、劉次長（士毅）報告

　　建立地方武力案，已召集有關單位會商數次，正由民事局擬訂方案，日內即可呈總長、部長核示，俟核示後，再與行政院有關部會會商。

貳、報告事項

一、軍務局報告

瀋陽、濟南兩地近來亂發軍事消息，已電東北行轅，及王司令官查明，今後擬請國防部指定專人注意報紙，並隨時糾正。

指示：

第二廳注意辦理。

二、部長辦公室報告

陸軍紀念節日，簽呈主席，奉批：似曾決定七九，飭再查案。

指示：

呈復主席，在渝時曾有定為七九之擬議，後奉批：「暫緩」，究應決定七七或七九再請核示。

三、人力計劃司報告

1. 復員轉業軍官佐，分發任用及候差經費先給辦法，已經行政院頒佈，請本部有關各單位遵照辦理。

2. 復員軍官佐自由轉業辦法，及中央地方新設機構儘先任用復員轉業軍官辦法，行政院昨開會審查，除新設機構儘先任用復員轉業軍官辦法修正通過外，自由轉業辦法，由本部詳細釐定，再送院核定。

3. 留用將官已由第一廳發表，其旅費計算起點及薪給如何銜接，擬請中訓團、第一廳、預算局商定。

4. 各軍官大隊，原限定七月底完全結束，萬一因

　　　留用轉業人員不能如期離隊，或需酌量延長結

　　　束日期。

　5. 水產訓練班地點，擬遷移復興島原海軍基地司

　　　令部，或吳淞，已請中訓團電上海分團派員勘

　　　察遷移。

指示：

自由轉業，應詳加研究，如處置不當，則糾紛甚多。

四、總長辦公室報告

　　印發部務會報二十一次至三十次檢討表，請各單

　　位帶回對未辦及已辦尚未完成案件詳加檢討。

五、海軍總部報告

　1. 接收美艦情形。（略）

　2. 海上艦艇所配步槍，平時均為訓練、警戒、禮

　　　節之用，種類繁多，請一律改配中正式步槍，

　　　以資整齊劃一。

　3. 油漆關係外觀，及船之壽命，聞接收物資中尚

　　　有油漆，請先予撥用。

六、中訓團報告

　1. 退役將官旅費，中訓團已墊去六億，尚未歸

　　　還，今後無款可墊。

　2. 分發將官起點為南京、西安、重慶三處，名冊

　　　已有註明，需再報可照辦。

　3. 轉業農墾待運隊員，郜局長、黃教育長擬先集

　　　訓，候盤山營房修好，與有船時即開始運送，

　　　八月份起經費，由墾局負責。

　4. 軍官大隊隊員分發，為適應事實，八月份薪糧

仍須墊發，否則恐更使結束期延長。

5. 結束辦事處，亦須延至八月底結束，如有特殊
者，再專案報核。

6. 中訓團房屋，已撥借各班及陸大使用，今年度
無法再借，上海分團水產班，如遷新址，又需
設備費甚多。

七、第四廳報告

天水機場跑道不適合美機使用，騎兵學校應美顧
問要求，加長加寬，約需經費一億元。

空軍總部報告：

空軍場站配置，已有方案呈部核准，天水機場如須加
大，以上海龍華機場建築經驗，則恐需五、六十億元。

陸軍總部報告：

美顧問與騎校商定，請求由部發給一億元，即可修築。

指示：

發給一億元，在空軍跑道經費內開支。

八、第六廳報告

1. 接收美軍剩餘物資中，雷達車輛，本廳曾派設
計處葛處長赴滬會同海軍總部視察，結果：可
分二類：一類甚為新穎，一類陳舊不完整，存
放未集中，已發現失竊工具情事，亟應由本部
提運整理，惟物資局必須先付儲運費。

2. 上海接收委員會，已著手組織，人員多係兼
任，亟宜積極充實，設法早日解決問題，以免
日久物資損失。

國防科學委員會報告：

中央研究院及中央大學均計劃研究雷達，擬請由國防科學委員會價購二部。

徵購司報告：

物資供應局所有物資，均須付款始能領用。現可先撥後轉帳，有預算者，即在預算項下扣除，現本部各單位所用物資，請求在是項物資追加預算內扣還手續費、倉儲費（即起運倉庫費）等必須先付，是否可以簽呈主席，本部所需各項物資，先行徵用。

第四廳報告：

物資供應局，軍用物品亦在拋售，擬請提出制止，其次關於各種機器，往往零亂，並於領取時，蓋章於單價上，似無形中承認其價格。

海軍總部報告：

本部似可在沖繩島及關島先予調查分配。

指示：

簽請張院長，本部所需物資，應儘先徵用，在是項物資追加預算內扣除，各單位並應將所需物資數字提出計劃，由徵購司、第四廳主辦。

九、預算局報告

1. 關於退役經費，經先後批准，墊撥七百億元，中訓團所報墊付退役將官旅費，應向一廳五處洽領。

2. 接收美國剩餘物資應付之搬運倉儲管理等費，楊副主任委員，謂如不能轉帳，可在各單位業務費內開支，其無業務費者，另行籌墊，經擬

　　具辦法簽奉批准，通知接收委員會在案。

參、討論事項

為各單位派員參加各種會議應令所派參加人員先將會議
要點詳細研究妥為準備俾利研究案（第一廳提）

決議：

修正通過如次：

辦法四，修正為：「如會議議案，未經事前通知，或會
議時，臨時提案，代表出席人，未能事先研究，或請示
其主官者，則代表人之研究發言，只能作為個人意見，
提供參考，不作為主官之意見。」

肆、指示事項

上次步砲兩校畢業典禮，本人代表主席前往，美顧問建
議：現步砲兩校合在一處太擠，聯勤學校校址，作步校
校址甚為適合，並已報呈主席，奉諭：聯勤學校此期卒
業後，校址可移讓步校。

第三十五次部務會報紀錄

時　　間：三十六年八月二日上午九時至十二時二十分

地　　點：國防部會議室

出席人員：國防次長　　　　劉士毅　黃鎮球

　　　　　參謀次長　　　　林　蔚　方　天

　　　　　部長辦公室　　　黎行恕

　　　　　總長辦公室　　　錢卓倫（車蕃如代）

　　　　　陸軍總部　　　　林柏森

　　　　　海軍總部　　　　桂永清　周憲章

　　　　　空軍總部　　　　周至柔（劉炯光代）

　　　　　聯勤總部　　　　郭　懺　趙桂森

　　　　　各廳局　　　　　於　達　鄭介民（張炎元代）

　　　　　　　　　　　　　羅澤闓（王　鎮代）

　　　　　　　　　　　　　楊業孔（洪懋祥代）

　　　　　　　　　　　　　劉雲瀚　錢昌祚（吳欽烈代）

　　　　　　　　　　　　　鄧文儀（李樹衢代）

　　　　　　　　　　　　　王開化　趙志垚

　　　　　　　　　　　　　吳　石　彭位仁（金德洋代）

　　　　　　　　　　　　　徐思平　杜心如

　　　　　　　　　　　　　蔣經國（貫亦斌代）

　　　　　國防科學委員會　徐庭瑤

　　　　　中訓團　　　　　黃　杰（李及蘭代）

　　　　　部本部各司　　　華振麟　鄭　澤　何孝元

　　　　　　　　　　　　　廖行芳　劉詠堯　趙學淵

　　　　　　　　　　　　　陳自強　劉逸奇　馮　衍

主　　席：次長林（代）

紀　　錄：裴元俊

會報經過

壹、檢討上次會報實施程度

一、空軍總部報告

　　天水機場跑道經費一億元，空軍無預算，不能支
　　付，原定機場修理經費均不敷用，正追加中。

指示：

已由聯勤總部墊發一億元。

二、民用工程司報告

　　新村建築地址擬在太平門外馬路以西（約一千五百
　　公尺），板倉村、鎖金村、岡子村約附近有三百
　　餘畝，多係民地，曾請部長及錢主任會同視察，
　　認為合用，奉部長諭：並在馬路以東紫金山麓，向
　　陵園租地一部，作高級官住宅，經錢主任簽呈由
　　測量局即派員會同民用工程司繼續測量地形圖呈
　　核，地段決定後，由工程署按照原計劃，詳細設
　　計，建築經費（二百億），應速籌定的款，一次撥
　　足，或分期撥付，以免影響工程，徵用民地及租
　　用陵園公地，由工程署主辦，奉次長林批示，由
　　黃副署長與華司長會同辦理。

指示：

新村建築費，在三十五年積餘項下開支，惟是項積餘，
應由預算局、財務署會同清理。

聯勤總部報告：

三十五年尚不數千餘億，並無積餘。

三、徵購司報告

    1. 接收委員會，已組織就緒，惟物資單價，發生爭執，例如子彈，原宋院長與美方商定，係原價百分之二十，現列原價，接收委員會，不願蓋章。

    2. 奉主席命令，沖繩島物資，將以換取外匯，就地拍賣，上次會報，部長指示，各單位應將所需物資數字提出計劃，查沖繩島物資多係軍用，是否應由聯勤總部提出數字，簽請主席批示，撥交本部。

聯勤總部報告：

單價蓋章問題，已經解決，至於使用物資原則，主席原有三項指示，應遵照辦理。

海軍總部報告：

海軍通信器材均感缺乏，接收物資中，有二千噸均係海軍通信器材，已為交通部接收，尚未動用，擬請將凡屬海軍用通信器材，均撥交本部使用。

指示：

由部本部及第四廳經常派員到滬視察，設法明瞭接收狀況。

四、人力計劃司報告

    水產班班址，據中訓團稱，以不遷移為宜。

五、聯勤總部報告

    查軍事學校校址，早經五廳召集會議全部決定，

現均陸續發生爭執，聯勤所屬十個學校，現有七
校校址發生問題，擬請早日解決。

指示：

學校校址問題，另由本席召集會議決定，簽呈部總長、
主席核示。

貳、報告事項

一、部長辦公室報告

　　1. 每月重要工作簡報，例須按時呈出，現已改為
　　　表報，並規定每月十日應呈行政院，請各單位
　　　於七日分別送到部總長辦公室（部本部各單位
　　　送部長辦公室，參謀本部各單位送總長辦公
　　　室），並請總長辦公室於八日送到部長辦公室
　　　彙齊呈出。

　　2. 陸軍節日第一廳查復：曾奉主席親批七、九，
　　　惟未專案公佈。

指示：

1. 工作報告，本部較其他各部業務紛繁，故編擬時應提
　重要工作，如三廳本月收復若干城邑及戰果，四廳補
　充及消耗各若干，如此列舉，使閱者一目瞭然。

2. 陸軍節日，仍應以七、七，七、九，簽請主席核示。

二、人力計劃司報告

　　將官班及各軍官大隊，已於七月底一律撤銷，其
　　少數人員，如尚不能離隊者，至遲八月內可澈底
　　結束。

三、總長辦公室報告

　　奉行政院訓令規定，京市各機關八月份辦公時間，為上午八時至一時，下午輪值辦公，本部辦公時間，是否變更？請示。

指示：

本部辦公時間，上午改為八時至十一時三十分，下午仍為四時至七時，如氣候過於炎熱，由各單位主官酌情辦理。

四、陸軍總部報告

　　校尉官人事業務轉移本部後，文件積壓數千份，擬請增設雇員或附員五十員趕辦。

指示：

主席規定，行轄綏署有校級人事權，但辦後呈報陸總部備案，增加人員可與一廳及副官處洽辦。

五、海軍總部報告

　　接駐日代表團商團長電，美方抽得第二批日艦八艘，可轉讓我國，惟須我政府提出表示，計共驅逐艦二艘，巡防艦六艘，請示是否接收。

指示：

仍應接收。

六、第一廳報告

　　奉令前往辦理四平街戰役賞勛，共發出勛獎章七百六十七枚，著重賞從下起，故初級官與士兵勛賞為多。

七、劉次長（士毅）報告

　　1. 行政院最近召集各省主席開會，有十三省主席

聯名提案，對復員轉業軍官，在地方現狀與改進意見，提供甚多，茲摘要報告如次：

(1) 各省縣在鄉軍人，依規定地區組織軍人會者甚少，任意組設各種聯誼會，或聯合會者，多對於工作職位，每有聚眾要挾事，榮譽軍人尤無直接控制機關，發生糾紛，縣級政府每無法處理。

(2) 規定按文武官階標準比敘，安置困難，擬請重行調整。

(3) 轉業軍官薪餉，中央規定候差期間續發二個月至四個月，請在未授實職前一律發給六個月。

(4) 軍校十期以後畢業生，年青有為，請仍調回部隊工作。

會議決定原則如次：

(1) 獎勵退役。

(2) 省訓團凡中央撥交人員，候差期間薪餉，由中央負責。

(3) 轉業候差人員，由中央（行政院負責）發給六個月薪餉。

(4) 少校以下正式軍校卒業，不能轉業者，由本部調回。

2. 關於復員軍官轉業各種問題，擬請召集復員計劃委員會開會討論。

3. 地方自衛武力案，已送各部，擬於各省主席在京之便，召開會議解決。

指示：
請示部長決定。

參、討論事項

一、三十七年度施政方針，應於何時頒發，又其內容
　　是否比照三十六年度下半年之施政方針與綱領擬
　　訂之請示案（第三廳提）

決議：

三十七年度方針與工作綱領，即日均由第三廳負責草
擬，呈總長、部長核示後，發交各單位擬具工作計劃。

二、本部施政方針之擬訂，可否重新指定主辦單位，
　　以一事權，請示案（第三廳提）

決議：

仍由三廳辦理。

三、為請再修正國軍綏靖作戰失蹤或被俘官長眷屬安
　　撫辦法案（軍職人事司提）

決議：

將建議及原案交第一廳整理。

四、勵行剿匪建國全國總動員，軍中新聞工作動員實
　　施計劃草案（新聞局提）

決議：

先由法規司召集，人力計劃司，三、五廳研究，根據總
動員綱要本部應需何種計劃，分別通知草擬，再併案
辦理。

肆、指示事項

無。

第三十六次部務會報紀錄

時　　間：三十六年八月十六日上午九時至十二時三十分

地　　點：國防部會議室

出席人員：國防次長　　　　黃鎮球　秦德純　劉士毅

　　　　　參謀次長　　　　林　蔚　方　天

　　　　　部長辦公室　　　黎行恕（覃澤文代）

　　　　　總長辦公室　　　錢卓倫

　　　　　陸軍總部　　　　林柏森

　　　　　海軍總部　　　　桂永清　周憲章

　　　　　空軍總部　　　　周至柔（劉炯光代）

　　　　　聯勤總部　　　　郭　懺　胡獻昂

　　　　　各廳局　　　　　於　達　張炎元　王　鎮

　　　　　　　　　　　　　洪懋祥　彭鍾麟　吳欽烈

　　　　　　　　　　　　　鄧文儀　王開化　趙志垚

　　　　　　　　　　　　　吳　石　金德洋　鄭冰如

　　　　　　　　　　　　　杜心如　徐思賢

　　　　　軍務局　　　　　毛景彪

　　　　　國防科學委員會　徐庭瑤

　　　　　中訓團　　　　　黃　杰

　　　　　部本部各司　　　華振麟　鄭　澤　何孝元

　　　　　　　　　　　　　袁同疇　劉詠堯　趙學淵

　　　　　　　　　　　　　陳自強　劉逸奇　馮　衍

列席人員：黃壯懷　楊繼曾

主　　席：次長林（代）

紀　　錄：裴元俊

會報經過
壹、檢討上次會報實施程度

一、修正紀錄
　　1. 陸軍總部報告：「請增設雇員或附員五十員。」
　　　修正為：「請增設雇員五十員，附員若干。」
　　2. 徵購司報告：「例如」二字，修正為「據聞」。

二、總長辦公室報告
　　太平門外新村建築，民用工程司已測量就緒，所
　　需費用，原擬在三十五年積餘項下開支，現聯勤
　　總部報告，並無積餘，請指示是否建築。

三、民用工程司報告
　　地段圖已測好，全部圖樣仍繼續辦理，經費似可
　　陸續支付，獲准租地蓋屋。

指示：

仍繼續進行，可先撥五十億，餘由預算局、財政署籌
劃，分期撥付，由工程署設法儘量利用現有工料，節省
經費。

貳、報告事項

一、部長辦公室報告
　　1. 陸軍紀念節日，已遵指示呈復主席，正送第一
　　　廳及總長辦公室會章中。
　　2. 本部對行政院七月份重要工作簡報表，及二至
　　　七月份之工作概要，均於八月十四日呈出。

二、法規司報告
　　本部前奉行政院訓令，附發動員勘亂完成憲政實

施綱要，飭釐訂實施辦法，限文到十日內具報，經 35 次部務會報決定，由本司會商有關各單位辦理，已通知有關單位，於文到三日內各就主管業務，釐訂簡要實施辦法送司彙辦，尚有若干單位，未如期送來，請速送彙辦。

指示：

未送者速送。

三、人力計劃司報告

1. 復員軍官安置，現已結束，其安置實施情況如附表（附發）。

2. 復員軍官安置，除留用及退役人員已無問題外，其轉業人員，尚待解決之問題如左：

   (1)現值動員剿匪時期，轉業人員，可否徵集調用，行政院令本部通盤籌劃，另擬辦法呈核，本部以留用人員尚多，需用幹部有限，經呈復以轉業人員，似無徵調必要。

   (2)轉業人員如不能轉業或留用，可否准予退役。

   (3)現在退役及轉業人員，一次退役金發給之標準，是否仍照前規定，抑另行調整。

指示：

已轉業者，在待職期間應令等候，如逾期仍無業可就，原編餘人員准予辦理退役，無職人員，只能辦理除役，其一次退役俸給與，由人力計劃司召集有關單位詳細研究呈核。

四、徵購司報告

1. 關於剩餘物資及各法案物資，曾擬具四項意

見，函請行政院物資供應委員會查照辦理，茲
准復如下：

(1)原規定之手續費，遵囑免議，以前運什棧租
等費，仍請物資局照付，由本部彙結轉帳，
以後由接委會付現，已飭物資局照辦。

(2)物資價款，請按中美剩餘物資讓售合同中所
訂原價轉帳，查原係照物資讓售合同之原值
辦理，與來示意見吻合。

(3)評價公開標售物資，請應當前動員勘亂事
實，酌予變通，凡屬軍方需要者，儘量優先
提付一節，仍應參加標購，收現付貨。

(4)各法案物資價款，請援照剩餘物資成案，先
撥後轉帳，以資迅捷，請按照政府機關請購
物資手續第三條規定呈院一次核准，當如囑
辦理。

2. 關於各機關前請在加拿大貸款案內二千五百萬
美元部份餘款項下，續購加方戰時物資，茲准
物資供應委員會通知，定於本月十九日下午
四時假財政部會議室召集各部會商討，統籌分
配，本部已奉派兵工署楊署長出席，希有關單位
迅即將應購物資開列料單，連同所擬付價辦法，
於十八日逕送本司，以便彙送楊署長參考。

五、兵工署楊署長報告

1. 接收原則幾經變更，致使辦理困難，現在物資
局將物品分為甲、乙兩冊，甲冊規定國、交
兩部接收，乙冊出售，但庫存物資，大都未

　　列冊，而為我所急需，無法取得，若待列入冊
　　內，再經供應委員會分配，恐需時甚長，即乙
　　冊亦多有國防所需物資，如皮鞋等，均應先撥
　　後轉帳。

2. 海關手續，欲照平常程序，無法辦理。

3. 雷達設備需要機關頗多，擬請指定一單位接收
　　整理後，再行分配。

指示：

1. 由楊署長將現在糾紛及如何可以迅速合理分配使
　　用，擬具建議呈核。

2. 雷達由第六廳召集有關單位計劃接收。

六、海軍總部報告

　　第三批日船二十五日可抵青島，亟須裝配，擬請
　　將現存要塞之海軍砲，撥交海軍使用。

七、第一廳報告

　　最近奉主席令，今年應升職升官，各級人事評判
　　委員會組織條例，業已頒佈，本部及各總司令部
　　均應有此項組織。

八、新聞局報告

　　此次奉命視察山東戰場，特將一般情形提出報告：

1. 我軍士氣旺盛，協同增進，軍官團訓練精神，
　　已普遍發揚，匪軍士氣低落，飛機散發傳單頗
　　有效，惟須再改進使更簡單。

2. 人民服務總隊魯南、魯西已開始工作，膠濟路
　　近亦需要。

3. 傷兵後運，交通困難，醫藥及醫官均差，亟待

改善。

4. 投誠匪俘，已有二萬餘，衣服糧食均無，應有統一處置辦法。

5. 慰勞工作，山東民眾已自動發起。

6. 諜報經費太少，因此工作成績亦差。

7. 山東勘賞請速辦，非主攻部隊有功者，亦請勘獎，俾勵士氣，撫卹金亦應就近辦理。

8. 部隊軍官，未任職者尚多，擬請速為辦理。

指示：

書面報告呈閱。

九、預算局報告

1. 追加預算調整待遇案。（書面）

2. 現正趕編三十七年度預算，官兵人馬數字，請主管單位，即予確定。

指示：

1. 各單位將預算局書面報告，攜回研究，如有意見，十八日前提交預算局，如無，即照此公佈實施，給與法規，一、四、五廳仍應根據職掌澈底研究。

2. 人數由第五廳負責決定。

十、黃次長（鎮球）報告

1. 行政院規定軍費必須核實，本部送行政院人馬數應請注意前後吻合。

2. 馬乾給與增加，不可再向民間分攤，應通令遵照。

參、討論事項

一、為三十六年度軍糧眷糧奉核定按 500 萬人籌配，不敷補給，擬請按最低需要 550 萬人配撥，請公決案（第四廳、聯勤總部提）

二、為說明本年冬服，因時間關係，只能趕製四百萬份，並請轉呈行政院速撥追加服裝經費，及實物，以資趕製，提請公決案（聯勤總部提）

決議：

以上兩案，由四、五廳，預算局，聯勤總部會商討論。（預算局召集）

肆、指示事項

無。

第三十七次部務會報紀錄

時　　間：三十六年八月三十日上午九時至十二時

地　　點：國防部會議室

出席人員：國防次長　　　黃鎮球　劉士毅

　　　　　參謀次長　　　林　蔚　方　天

　　　　　部長辦公室　　趙　援

　　　　　總長辦公室　　錢卓倫

　　　　　陸軍總部　　　林柏森

　　　　　海軍總部　　　周憲章

　　　　　空軍總部　　　周至柔

　　　　　聯勤總部　　　郭　懺　趙桂森

　　　　　各廳局　　　　徐汝誠　張炎元　王　鎮

　　　　　　　　　　　　楊業孔　錢昌祚　李樹衢

　　　　　　　　　　　　王開化　趙志垚　戴高翔

　　　　　　　　　　　　金德洋　魏汝霖　杜心如

　　　　　　　　　　　　徐思賢

　　　　　中訓團　　　　黃　杰

　　　　　國防科學委員會　徐庭瑤

　　　　　部本部各司　　華振麟　鄭　澤　錢詒士

　　　　　　　　　　　　廖行芳　劉詠堯　趙學淵

　　　　　　　　　　　　陳自強（馬健民代）

　　　　　　　　　　　　劉逸奇

主　　席：部長白

紀　　錄：裴元俊

會報經過

壹、檢討上次會報實施程度

一、空軍總部報告

雷達仍放上海車上，無人管理，已有損壞，應指定單位迅速接收。

指示：

由空軍總部負責接收整理後，再由第六廳統籌分配。
（六廳下令）

二、聯勤總部報告

俘匪僅六千餘名，正分批運送東北，糧服均遵令照發。

貳、報告事項

一、部長辦公室報告

1. 陸軍紀念節日已簽呈主席。

2. 軍需工廠配置方案，已呈奉主席核准，原則可行，飭研擬實施辦法呈核。

二、民用工程司報告

1. 太平門外新村建築基地圖，業經繪製完竣，並將道路系統及房屋分區情形概略劃定，是否適當，請指示。

2. 本案既奉主席批定有案，目前進行，氣候適宜，可否即請墊撥的款，責成工程署具領，一面購儲材料，一面依圖案早日興工。

指示：

由民用工程司及預算局、財務署、工程署會商經費等籌

撥辦法呈核。（民用工程司召集）

三、人力計劃司報告

　　1. 復員轉業軍官安置及經費等問題，均經行政院
　　　　復員官兵安置計劃委員會兩次開會解決。

　　2. 轉業軍官一次退役金，經與有關各單位研討，
　　　　仍以維持原定標準發給，不能變更，以免影響
　　　　整個問題，如須補貼，只有以眷屬旅費名義酌
　　　　予補助。

四、劉次長（士毅）報告

　　1. 復員軍官安置及經費，大體已獲解決，原計劃
　　　　復員軍官，不超過二十萬人，後續又三萬人，
　　　　共為二十三萬人，預定轉業十五萬人，現留用七
　　　　萬，退役十一萬，以前軍隊待遇低，一般希望轉
　　　　業，現文武待遇一致，轉業軍官多想回任軍職，
　　　　請注意不能照准。

　　2. 行政院對退役轉業軍人，不守法紀，迭有煩
　　　　言，曾由監察局擬具取締辦法，行政院仍認為
　　　　不甚圓滿，本部仍應擬具切實有效辦法，予以
　　　　整飭，免為社會譏評。

　　3. 屯墾經費，行政院允撥四百餘億，四廳應注意
　　　　擬具詳細計劃。

　　4. 補助各省一百億，人力計劃司應請行政院直接撥
　　　　發，勞動幹部，已撥社會部，應由該部處理。

　　5. 何前總長來函云：我國領章有與美國相同者，
　　　　請改正，擬請主管單位研究。

指示：

由第一廳研究，服裝亦應研討並電前方部隊徵詢意見。

聯勤總部報告：

各交通線上轉業軍官紀律甚壞，請國防部下令制裁整飭。

五、徵購司報告

　　關於行政院物資供應委員會本月十九日召開分配加拿大貸款購買戰時物資會議，各單位所送料單，經彙送楊署長出席商討，據楊署長報稱，原二千五百萬美元除已購者外，尚餘一千三百餘億元，奉主席批准供空軍購蚊式飛機之用，如加方無機，除原分配國防部用途仍保留外，僅餘一百二十餘萬美元，由資源委員會、經濟部分配使用，現物資供應委員會函知本部將所送料單補送英文本，以便轉寄加拿大物資局向加方洽購。

六、國防科學委員會報告

　　前次楊署長報告沖繩島水陸兩用戰車三百餘輛，水陸兩用卡車千餘輛，吉普車百餘輛，裝甲部隊頗需用，可否由兵工署運回撥用。

指示：

第四廳通知楊署長，請物資供應委員會提前趕運。

七、海軍總部報告

　　接收之日艦一艘，已裝備完成，預定九月一日到達下關，擬於九、三勝利節供各機關團體參觀。

八、聯勤總部報告

　　1. 副秣補給報告。（書面）

　　2. 各省保安團隊待遇，已調整與國軍一致，發給

保安隊之主副食應予停止。

指示：

1. 通過，簽呈主席核示。
2. 第四廳研究下令。

參、討論事項

國軍眷糧應如何辦理案（聯勤總部提）

決議：

京滬、平津、張垣、東北各區配給，糧源在三千億款項
及餘糧內籌措。

肆、指示事項

一、國民政府主席東北行轅，熊主任辭職，主席派陳
　　總長兼任，參謀總長職務，由林次長代行，已通
　　令各單位。
二、東北一切補充應注意迅速。
三、空軍油彈存儲，亦應注意。
四、奉主席院長面諭：軍紀應從速整飭，尤以少數轉業
　　退役軍人不守法紀走私舞弊無所不為，影響軍譽
　　至鉅，由林、劉兩次長召集有關單位擬具有效辦
　　法澈底整飭。

第三十八次部務會報紀錄

時　　間：三十六年九月十三日上午九時至十二時三十分

地　　點：國防部會議室

出席人員：國防次長　　　　劉士毅　黃鎮球　秦德純

　　　　　參謀次長　　　　林　蔚　方　天

　　　　　部長辦公室　　　王　之

　　　　　總長辦公室　　　錢卓倫　張戩廉

　　　　　陸軍總部　　　　林柏森

　　　　　海軍總部　　　　周憲章

　　　　　空軍總部　　　　周至柔（劉炯光代）

　　　　　聯勤總部　　　　趙桂森

　　　　　各廳局　　　　　於　達　張炎元　王　鎮

　　　　　　　　　　　　　楊業孔　劉雲瀚　吳欽烈

　　　　　　　　　　　　　李樹衢　王開化　趙志垚

　　　　　　　　　　　　　吳　石　金德洋　鄭冰如

　　　　　　　　　　　　　萬煜斌　賈亦斌

　　　　　軍務局　　　　　俞濟時（朱永堃代）

　　　　　中訓團　　　　　黃　杰（成　剛代）

　　　　　國防科學委員會　徐庭瑤

　　　　　部本部各司　　　華振麟　鄭　澤　何孝元

　　　　　　　　　　　　　廖行芳　劉詠堯　趙學淵

　　　　　　　　　　　　　陳自強　劉逸奇　馮　衍

主　　席：次長林（代）

紀　　錄：魏冠中　戴季騫

會報經過

壹、檢討上次會報實施程度

一、次長秦報告

軍需工廠配置方案實施辦法,已由部長辦公室移
總長辦公室轉知各有關單位擬辦中。

指示:

由總長辦公室查案,通知有關單位擬辦。(經查現在四
廳三處辦理中)

二、中訓團報告

1. 將官班結束困難原因,計有下列三點:

(1)核准退役者,復派工作,退役金無法收回。

(2)核准上校者,一再申請復核。

(3)退役金不能如期領到。

2. 各軍官大隊均限九月底結束。

總長辦公室報告:

退役將官請復核階級,一廳應限期告一段落,以免日久
糾纏不清,按人事法規,只有退役軍官,無轉業軍官名
稱,所謂轉業者,仍為退役軍官。

第一廳報告:

中訓團對人事審核,稍欠嚴格,尚有掛名與不應收訓
者,均已收訓,以後請求退役者,請部長、總長一律批
交一廳復辦。

指示:

1. 復員軍官,須硬性規定九月底如期結束,將官班補
助費,由中訓團墊發轉帳。

2. 核階由一廳速辦,須注意親切詳明。

3. 不應收訓而已收訓者，可辦除役。

4. 轉業應訂定明確定義，如無業可轉，可發退役金退
　役，由人力計劃司研辦。

三、第一廳報告

　　青年軍備役幹部，預幹局擬將其召回，請示，是
　　否有此需要。

指示：

由新聞局等有關單位再召集小組會議研究。

貳、報告事項

一、民用工程司報告

　　太平門外建築新村案，已由本司會同預算局、財務
　　署、工程署派員開會研討，經決議：按工程署所擬
　　建築費六百餘億元之概算內，先將已奉准之二百億
　　元墊撥該署，俾便早日興工，已簽奉部長批准，當
　　將全案電請總長轉飭主管機關分別執行。

指示：

先撥已核准之二百億元，先建築主要工程，其餘配搭工
程暫緩，俟逐步建築，由民用工程司與工程署會辦。

二、預算財務司報告

　　1. 本部提出退役俸等五項，不屬軍費預算範圍，請
　　　行政院分列各有關部門預算一案，未奉批准。

　　2. 奉行政院令，限一星期內擬具裁減駐外臨時機
　　　構及人員辦法呈核，第二廳已呈復，其他單
　　　位，如無派遣，擬即呈復。

　　3. 勝利後租借物資清算，經財政部及本部幾次檢

討結果，華東區以趙局長簽收，華西區以白司令簽收為清算根據，並請美方提出詳明清單核對，正會同清查中。

徵購司報告：

行政院物資局接收之剩餘物資中，包括有租借法案物資。

指示：

2 項呈復行政院，本部並未派遣駐外臨時機構及人員。

3 項再查案。

三、人力計劃司報告

1. 行政院決定補助各省配訓轉業軍官一百億元，由本司擬訂補助辦法，及經費分配表，呈送行政院通令各省遵照辦理。

2. 屯墾經費，已由行政院核撥，奉諭擬移交農林部主辦，已經召集本部有關各單位研討，並與農林部接洽，原則可行，但問題甚多，正洽商中。

3. 復員軍官安置，雖已告一段落，但轉業軍官尚有種種困難，亟應擬定管理辦法，以資遵守，正遵照次長林指示及實際情形擬訂中。

4. 各將官班及軍官大（中）隊一再限令結束，但迄未結束，擬請主辦各單位將一切應辦手續辦完，務於本（九）月底結束。

指示：

關於分發、核階、退役金、旅費等項，由一廳檢討，結束業務，由中訓團檢討。

四、土地及建築司報告

1. 奉主席手令，飭修復各大都市及省會與重要交

　　　　通要點戰前原有營房，或重新建造，限八月底
　　　　擬具具體辦法呈報，並奉行政院令，由本部會
　　　　同糧食、內政二部，擬具具體辦法呈核，業經
　　　　召集有關單位會商，已如限擬定，分呈府院，
　　　　並函知糧食、內政二部在案，准糧食部函復，
　　　　對於主席手令之經費來源兩項。（1）徵糧附加。
　　　　（2）地方公籌，認為困難甚多，屬財政部主
　　　　管，已逕復行政院分交財政部辦理，本案以經
　　　　費來源為根本問題，擬俟行政院有所決定後方
　　　　能進行。

五、國防科學委員會報告
　　　安徽匪患日急，民眾需要槭彈，本部是否能發給
　　　或價購。

指示：

將意見報告部長。

六、總長辦公室報告
　　1. 夏季以來，各級官佐服裝，多不佩帶肩領章，
　　　　尤其低階與文職人員服裝較為弛懈，擬請各單
　　　　位主官加以整飭。
　　2. 軍便服擬自十月一日起停止穿著。
　　3. 前方部隊多製佩臂章，耗費甚大，按新服制，
　　　　除憲兵外，不佩臂章，但各部隊已自成風氣，
　　　　可否由一廳研究取締。

聯勤總部報告：

可將符號兩面印製。

指示：

1、2項照辦，3項由一、三廳研究，並徵詢部隊意見，是否需要。

七、第四廳報告

1. 屯墾業務，最好由農林部主辦，行政院亦同意，請部本部出席行政院會議時，予以接洽，移交準備，均已辦妥。

2. 廳內患肺病職員，須長期休養，不能工作，請研究辦法予以優待。

3. 所頒佈之救濟辦法，範圍太廣，可否予以時間限制。

指示：

屯墾業務可移交，惟須注意提出附帶條件，俟人力計劃司與農林部商洽後再辦。

八、第五廳報告

抽調旅第一期編組已決定，奉次長林諭：每週一、三、五上午十時，一、四、五廳，陸軍總部，聯勤總部，有關業務負責人均出席與抽調旅團長會報。

聯勤總部報告：

抽調旅有五個團，無旅建制，補給結算有困難，可否先成立旅部。

指示：

旅部可成立。

九、第六廳報告

雷達接收，已接洽就緒，估計可整理之雷達計二十八部，約一千一百餘噸，除以一小部份就近撥

海軍領用外，餘由空軍負責運京整理後，再簽請分配。

十、新聞局報告

1. 主席六日電令，對追繳劉匪，應大量印製投降證及傳單，並通令各部隊優待俘虜，照增加數目發給俘匪零用費。

2. 俘虜與投誠，已分別編隊。

3. 主席決定成立和平愛國團，每人衣食住用均予優厚，惟兩度召集開會，經費與編制，均無結果。

指示：

3 項，由預算局做特別費支報。

十一、兵役局報告

奉次長林交下廣西軍管區呈報榮譽士兵不守紀律案，其他各省或有同樣情況，應擬具有效辦法，除移請軍醫署主辦賜會外，關於福建省劉主席建議四項：（1）分散駐地，遣返原籍，（2）解決榮軍駐房，（3）補助主副食費，（4）派憲兵監察，上項雖屬切要，但牽涉經費，可否實施，請示！

指示：

榮軍管理欠妥善，應先從人事上檢討。

十二、預算局報告

1. 三十七年預算編列及航空工業局請增列預算情形。（略）

2. 新聞局所擬人民服務隊六百九十八隊，預定每團配屬一隊，總長意見，以每師一隊，如配屬

至團，人員太多，勢必超過總人數範圍。

3. 救濟費，已另案簽請核辦。

4. 和平愛國團編制補給，請四、五廳辦理。

第五廳報告：

人民服務隊一萬餘人，均係幹部，等於增加十萬士兵經費，請再考慮。

指示：

1. 1 項列入。

2. 人民服務總隊以每師配屬一隊，人民服務總隊與人民服務隊，應予合併，由第五廳研究。

3. 4 項不列入編制，專案呈主席核撥。

參、討論事項

一、為上海參議會代表童行白等呈請中央，迅速依法處理滬市本部暨有關各總部接收敵偽圈佔之民地，藉恤民間之疾苦，並保全政府威信，希迅予施行見復案（土地及建築司奉交擬提）

決議：

由部本部土地及建築司，召集有關單位，派員前往研究解決。

二、提供有選舉權之現役軍人參加國大代表立法委員選舉投票辦法意見三點，請討論公決案（法規司提）

決議：

1. 在所在各地區自動參加投票。

2. 由軍職人事司劉司長、法規司何司長參加文官處會議。

三、國防部十月份作息時間，應重新擬訂頒發案（總長
　　辦公室提）

決議：

仍照九月份施行。

肆、指示事項

無。

第三十九次部務會報紀錄

時　　間：三十六年九月二十七日上午九時至十二時二十分

地　　點：國防部會議室

出席人員：國防次長　　　　黃鎮球　劉士毅

　　　　　參謀次長　　　　林　蔚　方　天

　　　　　部長辦公室　　　趙　援

　　　　　總長辦公室　　　錢卓倫

　　　　　陸軍總部　　　　林柏森

　　　　　海軍總部　　　　周憲章

　　　　　空軍總部　　　　周至柔（劉烔光代）

　　　　　聯勤總部　　　　趙桂森

　　　　　各廳局　　　　　於　達　張炎元　宋　達

　　　　　　　　　　　　　洪懋祥　劉雲瀚　吳欽烈

　　　　　　　　　　　　　鄧文儀　王開化　趙志垚

　　　　　　　　　　　　　吳　石　金德洋　徐思平

　　　　　　　　　　　　　杜心如　鄭　果

　　　　　軍務局　　　　　朱永堃

　　　　　國防科學委員會　徐庭瑤

　　　　　中訓團　　　　　黃　杰

　　　　　部本部各司　　　華振麟　鄭　澤　何孝元

　　　　　　　　　　　　　廖行芳　劉詠堯　趙學淵

　　　　　　　　　　　　　馬健民　劉逸奇

列席人員：黃顯灝　張楓宸

主　　席：部長白

紀　　錄：魏冠中　戴季騫

會報經過
壹、檢討上次會報實施程度

一、修正紀錄

國防科學委員會報告：上次報告事項五，修正為：
「安徽匪患日急，民眾需要械彈防匪，如由兵工廠
製造供給民用，恐不易辦到，應由兵工署動員民用
工廠代造，照價給予人民，以充實自衛武力」。

二、次長林指示

十月份作息時間，可再查行政院規定。

三、中訓團報告

將官班未離團者，已編成一組，其餘各軍官大
隊，均限九月底結束。

總長辦公室報告：

核階與發退役金，須配合辦理。

指示：

未離團將官，一廳與中訓團速研辦。

四、聯勤總部工程署報告

太平門外建築新村案，奉准撥二百億元先建築主
要工程，惟徵購地基，雖已簽請行政院核辦，但
根據過去經驗，完成徵購手續，需時數月，始能
辦妥，目前物價波動甚劇，若延至明年，幣值更
貶，現藍家莊（考試院附近）新村，已按預定
五十億預算開工，該處係營產，餘地甚廣，尚能
添設建築，為爭取時間，免受物價波動影響，擬
請於太平門外建築新村經費二百億中，留五十億
辦理徵購地基，其餘移作即日擴充藍家莊新村，

　　太平門外新村，俟手續辦妥後，明年籌款再建，
　　可否？請示！

民用工程司報告：

藍家莊新村，與太平門外新村，似應分別辦理，太平門
外仍請興工，以免影響原訂計劃。

指示：

將太平門外建築費以五十億徵購地基，一百五十億擴充
藍家莊新村，太平門外新村經費，預算局另行計劃。

五、土地及建築司報告

　　奉交辦上海市參議會請願清理滬市中央軍事機關
　　部隊接收敵偽圈佔民產案，已經次長秦於本月十
　　七及二十四兩日召集第四廳、監察局、海空軍及
　　聯勤總部等單位，舉行清理準備會議，擬定處理
　　原則，刻正簽請部長核示中，一俟核定指派本部
　　監督清理人員後，即以本部名義，會同各有關單
　　位所派人員，前往就地清理。

六、新聞局報告

　　青年職業訓練班學生數千人，急待分發，人民服
　　務隊，仍請以團為單位成立，或分期辦理，第一
　　期擬先派四千人分配三百個團使用。

第一廳報告：

1. 設立學校必先計劃用途，以免人事安置困難，目前
　　現象，即是官多額少。

2. 青年軍原訂法令，現多不能實施，應由法規司研究
　　修正。

第五廳報告：

1. 人民服務隊隊員階級，以不超過准尉為宜，故編制階級，不宜訂定過高。

2. 六個青年師增加團開始召集時，本廳已函請預幹局考慮區分為預備幹部與補充兵兩種，俾復員容易，但未獲簽復。

預備幹部局報告：

1. 復員青年軍優待法令，為過去政府號召青年從軍時所擬訂，過分強調優待，復員時並未全部實施。

2. 擬送人民服務隊人員，係第一期無家可歸之復員青年，送職業班受訓後無法分發者。

3. 復員青年均屬預備（義務）軍官（士），復員後，並無職業軍官之權利。

次長方報告：

青年軍召集復員，係國家整個政策問題，其失業救濟，是否應由本部辦理，又現有六師將來訓練完畢，是否照過去同樣辦理，均須研究。

指示：

由方次長召集一、五廳，新聞局，預備幹部局，軍職人事司，法規司，研究意見簽核。

七、預算財務司報告

裁減駐外臨時機構人員案，奉諭已移第二廳辦理，尚未呈復行政院。

指示：

1. 意大利以及歐洲無軍備小國，武官可不派，二廳應詳加檢討。

2. 武官待遇，行政院指示應按英鎊與美金使用國家分別發給，不能一律照美金計算。

第二廳報告：

小國不派武官案，上半年已奉主席命令，除必要各國外，多已撤銷，武官待遇正檢討中。

貳、報告事項

一、部長辦公室報告

　　1. 行政院規定每月重要工作簡報表，須於次月十日前呈報，請各總部、各廳局處，於每月五日前造送總長辦公室，部本部各司送部長辦公室彙轉，並請注意統計數字與文字簡明。

　　2. 本部醫務所系統上隸屬部長辦公室，但實質上仍為一行文單位，請各單位注意列入，關於人員器材藥品補充，請軍醫署多予充實。

　　3. 通案文件，「除分令（行）外」，請註明分行單位。

次長林指示：

1. 工作簡報表，各單位應按時呈出（總長辦公室注意）。

2. 醫務所所需人員藥品，由軍醫署予以充實。

二、法規司報告

　　1. 動員戡亂實施辦法，已由本司徵詢有關單位意見彙編完竣並呈復行政院在案。

　　2. 關於現役軍人，在駐防所在地參加國大代表立法委員選舉投票技術問題，經本部提出三點意見：（甲）由各駐防所在地主管選舉機關向當地

軍事單位，為限期之初步公告或通知，逾期即作不參加論，（乙）各駐地主管選舉機關，對遵限登記之有選舉權現役軍人之資格，嚴加審查，如居留當地時間達法定年限者，則視作當地選民，依章辦理，（丙）前項不合當地選民資格者，由駐地主管選舉機關，將選舉票等，寄由駐地主管選舉機關轉發並公告，如限前來具領，逾期作放棄論，上列三點，均經採取，歸納於「有選舉權之現役軍警，在駐防所在地，參加國民大會代表，立法院立法委員選舉投票辦法草案」以內。

指示：

本案國務會議已提出並通過，技術問題與選舉總事務所研究。

三、空軍總部報告

請國防部對空軍下令，仍維持命令系統，不直接下達各單位。

四、海軍總部報告

奉派赴外交部討論關於外輪違反規定出入大連之處置辦法。（略）

五、聯勤總部報告

1. 郭總司令奉主席令，赴滬會同物資局處理接收事宜。

2. 本年下半年度馬騾補充費情形。（書面報告）

3. 冬季煤炭費已估算，關內外需款千餘億，與預算差數甚大，可否先墊三分之一採購，免受物價影

響，差額如何補救，預算上，可否另行籌措。

    4. 退役俸，按規定任外職期間停發，但管區無法查明，擬一律暫照發。

次長林指示：

1. 煤炭費，可先墊三分之一。

2. 退役俸由第一廳研究。

六、新聞局報告

    1. 奉令發佈新聞戰訊，預定從下月開始，希望二、三廳多予協助。

    2. 各省市人民自衛隊，已通過一律成立，曾奉主席手諭：應注意政治訓練，由人民服務總隊派指導員。查行政院通過辦法不設指導員，可否呈復主席，又各省保安司令部新聞工作，是否由本部管理，請示！

第一廳報告：

凡不屬國防部隊，本部不派現役軍官，如派軍官擔任指導員，准辦登記停役。

指示：

人民自衛隊，行政院指示：不要指導員，可呈復主席。各省保安部隊，政治訓練，應擬具計劃，責成各省保安司令自辦。

七、預算局報告

    馬騾補充在應繳款內購買案，請先由有關單位研究後再下命令。

八、兵役局報告

    1. 奉令赴東北、華北視察兵員補充情形，本年各

　　　　省徵兵均甚努力，聯勤總部運輸亦甚圓活，東
　　　　北方面已如限完成五分之四，欠數仍請運輸署
　　　　早日運完。
　　2. 由四川撥補東北、西北新兵冬季服裝，請聯勤總
　　　　部準備適時發給。

指示：

兵役局將所需數目，先通知聯勤總部準備。

參、討論事項

一、為如限造送本部主管法令目錄及其修正案與新法案
　　擬召集有關單位開會商討實施方案由（法規司提）

決議：

通過；參加單位增加第四廳。

二、為奉諭研究前方部隊臂章是否需要案（第一廳提）

決議：

通過。

三、屯墾業務擬請移回人力計劃司辦理案（第四廳提）

決議：

通過。

肆、指示事項

軍隊紀律問題，主席至為重視，已擬具辦法，在各交通
線區，設立監察機構，包含軍法審判，如有違犯軍紀
者，即可就地審判，輕者可予判決，重者請示，已呈請
主席核示中。

第四十次部務會報紀錄

時　　間：三十六年十月十一日上午九時至十二時十分

地　　點：國防部會議室

出席人員：國防次長　　　　劉士毅　秦德純　黃鎮球

　　　　　參謀次長　　　　林　蔚　方　天

　　　　　部長辦公室　　　趙　援

　　　　　總長辦公室　　　錢卓倫　張敦濂

　　　　　陸軍總部　　　　林柏森

　　　　　海軍總部　　　　周憲章

　　　　　空軍總部　　　　周至柔（劉炯光代）

　　　　　聯勤總部　　　　郭　懺　趙桂森

　　　　　各廳局　　　　　於　達　張炎元　宋　達

　　　　　　　　　　　　　洪懋祥　劉雲瀚　吳欽烈

　　　　　　　　　　　　　李樹衢　王開化　趙志垚

　　　　　　　　　　　　　戴高翔　金德洋　徐思平

　　　　　　　　　　　　　杜心如　賈亦斌

　　　　　軍務局　　　　　何志浩

　　　　　中訓團　　　　　黃　杰

　　　　　國防科學委員會　李運華

　　　　　部本部各司　　　華振麟　鄭　澤　錢詒士

　　　　　　　　　　　　　袁同疇　劉詠堯　趙學淵

　　　　　　　　　　　　　陳自強　劉逸奇　馮　衍

主　　席：部長白

紀　　錄：魏冠中　戴季騫

會報經過

壹、檢討上次會報實施程度

一、修正紀錄

報告事項六，「指示」修正為「人民自衛隊，行政院會議決定，不設政治指導員，可呈復主席，各省保安司令部，未改為警保處者，奉院令，原設政治部，可改為新聞機構，長江以南各省，已改為警保處者，須呈請行政院，設置新聞機構，負計劃指導考核政治訓練之責。」

二、預備幹部局報告

1. 第一期青年軍各種優待辦法，大部已經實施，惟尚有一部份留營服役，經部呈院轉府核准該項辦法，延長至三十七年七月一日終止，擬照原案實施。

2. 第二期青年軍復員優待，固不能一律照第一期辦，但亦不能與一般士兵退伍辦理，為爭取青年，安定軍心計，已另擬折衷案呈核中。

貳、報告事項

一、法規司報告

查動員戡亂，完成憲政，國防軍事實施辦法一案，前經本部各單位分別簽註意見，由本司彙編四十七條，於九月二十六日呈送行政院，旋准經濟部通知，以本部擬呈之動員戡亂實施辦法，奉院長諭：由經濟部召集有關部會會商，本部由次長黃率同有關人員出席，討論結果，除文字略行修改，

條文刪併為三十七條，對本部所定原則並無影響
外，其餘一律通過。

指示：

本部派員參加部外會議，須先開會研究。

陸軍總部報告：

對日和會，外交部召集有關各部會開會研究，與國防部
關係重大，應慎選出席人員。

第二廳報告：

參加外交部對日和會問題，經由部本部派錢副司長出席
主持，本廳所派係一對日問題專門人才，向錢副司長供
給資料。

二、人力計劃司報告

　　1. 屯墾業務，上次會報決定交回本司辦理，此項
　　　業務，擬交農林部接辦，已與四廳洽妥，暫不
　　　移交，與農林部多次洽商，該部提出接收條件：
　　　（1）只能安置二、四〇〇人，（2）從墾軍官待
　　　遇（薪糧被服），全由本部負責，（3）四百四十
　　　餘億經費，只能作事業費，本部原墊事業費，
　　　不能扣除，如本部能照此條件辦理，可以接辦，
　　　否則不能接收。

　　2. 轉業人員已結業分發者，及正受轉業訓練而不
　　　能安置者，可否准其退役。

　　3. 留用復員軍官（如各部隊軍官隊隊員）據報日
　　　久仍多未派實職，一般情緒不佳，似應將派用
　　　情形加以檢查，並設法調任實際工作，不宜久
　　　置閒散。

中訓團報告：

最好將各軍師軍官隊隊員下令分散至團營連服務，使有補實機會。

第一廳報告：

1. 退役軍官請求回役者甚多，均批示不准回役。

2. 留用軍官，有因兵科階級或業務不適合者，安插困難。

次長劉報告：

屯墾人員待遇等項，均在四百餘億經費內開支，如不速就墾區，將來貶值更甚，應除去待轉期間經費，將剩餘事業費，從速處理。

總長辦公室報告：

屯墾必須先有安定環境，未去東北人員，可以不去，留渝人員，或可在四川雷馬屏另闢墾區，留漢人員，可派湖南濱湖（洞庭湖）屯墾。

指示：

1. 東北墾區，由第四廳電請總長劃交東北行轅辦理，湖南、四川開闢墾區，由人力計劃司召集一、四廳、預算局、軍醫署、中訓團會商研究。（請劉次長主持）

2. 已轉業而不能轉業人員，原則上仍要求主管機關轉業，除非（1）自請退役，（2）確實不適於轉業條件者，方可准退。

3. 凡新成立機構，或原有機構，須增加及補充名額者，均由留用軍官挑選。

4. 各軍師軍官隊隊員，由一廳下令各軍師分散各團營連切實服務，遇機補用，並由各總部注意考查。

三、徵購司報告

　　行政院敵偽產業處理委員會，十月八日第七次會議決議有關事項：

　　1. 所有敵偽房產，除機關學校可予洽購外，其餘一律公開標售，以杜流弊。

　　2. 私人房產，被敵偽徵用，請求發還案，決議照規定在當時市價百分之五十以內者，認為係強迫徵用，可予繳價發還，在百分之五十以上者，認為非強迫徵用，不予發還。

　　3. 敵偽房產，如地產屬私有財產，原地主有優先承購權。

　　4. 本部呈請願以現款價購天津化學工廠案，決議照辦。

　　5. 本部呈請免價撥用蘇州敵偽房產作為測量學校校舍案，決議私有地產者，可向原地主洽租，屬於完全敵偽財產者，可予洽購。

次長秦報告：

各單位原佔用敵偽房產及英、美、荷外僑地產，須按照行政院所頒法令辦理。

指示：

先調查佔用外僑地產數目，由監察局調查報告。

四、土地及建築司報告

　　關於修建各都市及交通要點營房案，已於九月三十日經行政院第二十三次政務會議修正通過，照本部所擬辦法修建，經費分捐獻及由地方公糧項下籌措，並先行動工，款項暫由本部墊支，院令

業已到部，即將計劃交與執行部門籌劃墊款及照原擬辦法實施興工。

預算局報告：

本部無法墊支，請行政院墊撥。

五、海軍總部報告

1. 上海美軍剩餘物資，在美國均經註明「美海軍用」，我國固不應全由海軍接用，但海軍艦艇用品，如油漆、繩索等，亦均列入標價冊內，雖經本部駐滬辦理人員屢經提出，迄無效果，擬由本部轉請行政院對於接收剩餘物資重訂處理分配辦法。

2. 本軍艦艇在渤海長江巡弋剿匪，日夜活動，所需燃料、潤滑油，因受外匯限制，不能及時獲得，且聞購油外匯行政院尚未匯出，恐艦艇被迫停駛，影響作戰，茲將詳情提出報告：

   (1) 海軍本年度用油來源，（甲）奉准撥國幣 140 億元，自行採購，（乙）實物預算核定分配本軍 700 萬加崙油，尚未結匯，自購油，亦未運到，目前用油專靠向各油公司借用，各油公司近以前欠未清，不允再借，隨時有中斷之虞，最近中央銀行要扣 58 萬美金外匯，已分別請求免扣，希望四千萬加崙案內分配之七百萬加崙，早日結匯。

   (2) 依照過去經過，辦理購油種種手續，至少須時三個月，明年度實物油預算，應請早日辦理，免臨時接濟中斷，上二項在未辦妥前，

請轉請行政院飭中國石油公司繼續撥借。

指示：

由預算局速向行政院交涉，並將交涉情形報告部長。

六、聯勤總部報告

1. 赴滬視察「接收物資」情形，已另有報告分呈。

2. 聞日本賠償物資，不日可到，請將接收辦法速即頒示，以便準備（至少應於二個月前預為指示，否則物資到埠，將無法處理），照現在預定經費情形，恐難達到接收任務，請事先詳細檢討。

3. 上海中訓分團房屋，尚未遷讓，本部財務、經理、特勤三校，即籌備處亦無法辦公，請飭速即遵令遷讓。

4. 滬杭、浙贛路一帶退役軍官，走私之風甚熾（以鹽或錫泊強迫路局代運），請國防部嚴令禁止，俾憲兵易於執行。

5. 現因汽油缺乏，乘車汽油，改為八折發給。（原定每月 90 加崙，八折為 72 加崙。）

指示：

退役軍官走私，應嚴加取締。

七、預算局報告

1. 三十六年度追加預算限制辦法。（書面報告）

2. 接收日本賠償物資預算，請主管單位先擬一預算。

指示：

接收日本賠償物資，由秦次長先召集預備會議討論，研擬詳細辦法。

八、第一廳報告

　　去年停升，上半年官職未核，現人事評選委員會
　　已組織，人事資料，一廳亦檢討準備完畢，按評
　　選會組織由參謀總長主持，總長因公離京，次長
　　林擬請部長主持，希即於下週開始，並請各委員
　　親自出席。

指示：

由林次長主持。

參、討論事項

一、國防部三十六年度十一月一日至三十七年度二月
　　底止，計四個月作息時間，應擬訂頒發案（總長辦
　　公室）

決議：

先行通過，如行政院方面有更訂時再更訂之。

二、空軍官兵副食費奉令按定額每人每月支給六萬元，
　　仍不敷實際膳食所需，擬請改由聯勤部統籌購辦
　　補給實物，或請按八月份糧價計算之副食費數額
　　作為固定數目發給，以維官兵生活而勵士氣案（空
　　軍總部）

決議：

由林次長召集一、四、五廳、預算局、預算財務司、陸
海空聯勤各總部（財務署亦參加），會商研究。

肆、指示事項

無。

第四十一次部務會報紀錄

時　　間：三十六年十月二十五日

地　　點：國防部會議室

出席人員：缺

主　　席：缺

紀　　錄：缺

會報經過
壹、檢討上次會報實施程度

一、次長林報告

　　1. 討論事項二，已召集各有關機關商決，應速將
　　　　會議紀錄整理呈出。

　　2. 建築委員會組織辦法，應先與土地及建築司研
　　　　究後再擬辦。

　　3. 第二線兵團照新制度實施，其眷屬補助，經開
　　　　會決定原則，應速簽呈主席。

　　以上三項，均由第四廳速辦。

二、總長辦公室報告

　　討論事項一，經查行政院作息時間無更訂，應照
　　案實行。

三、人力計劃司報告

　　屯墾業務，已於本（十）月十五日，由次長劉召集
　　有關各單位開會研究決議。

　　1. 組織軍墾處直屬總長或附屬第四廳負責主辦，
　　　　其隸屬及編組如何請示。

2. 增闢湖南常德、陝西渭洴兩墾區，就近安置從墾軍官，至各項經費，已通盤計劃，計事業費盤山墾區約需七十億（安置八百人，已墊發約四十八億），長墊墾區二十五億（安置四百五十四人，已墊發三億），瑞昌墾區二十五億（二百〇五人，原預算五十二億，可核減為二十五億），常德墾區一百五十億（預定安置一千五百人，原預算二百三十億，可核減為一百五十億），渭洴墾區三十至四十億（預定安置六百八十四人，交由胡主任宗南統籌辦理），共約需三百一十億，又從墾軍官薪給（按八月份給與標準，平均以少校薪給計算）約需二百七十六億（盤山按半年，其他按一年計算），兩共約需五百八十六億，除行政院核准四百四十八億外，約差一百三十八億，如以從墾軍官一次退役金約一百億補足則尚差約三十八億。

次長劉報告：

軍墾機構人員，可由中訓團或部員中調用，請即批定，至渭洴墾區，已電胡主任協助，常德墾區，應先指定負責人主持。

指示：

軍墾機構，可直隸人力計劃司。

貳、報告事項

一、部長辦公室報告。（書面報告）

二、人力計劃司報告

奉主席十月十六日手令，查報軍官轉業情形，轉業軍官分配工作後，如嫌階低薪薄，不願到差者，應予開革，未派工作者，中央及地方政府，亦應優先核派，不得延擱，除已將軍官轉業情形及本部前頒轉業人員管理辦法，呈報主席及轉令各轉業訓練機關飭知外，並呈請行政院通令有關各部會及各省府，對轉業軍官，應遵照主席手令優先任用。

指示：

轉業軍官不得要求官佐，本部應予以約束，但各省政府及地方機關對其應得之權利與薪餉（據報每月有每員僅發三十萬元者），如不按行政機關規定發給者，可調查向其提出。

三、總長辦公室報告

二十二日南京晚報，登載全國陸海空軍現有官兵數目，及月需薪餉數目，至為詳細，消息來源，係國府公布，是否應予更正。

預算局報告：

上項消息，係本部向行政院提出預算數字，行政院提國務會議討論後，國府政務局所發表。

指示：

用部長名義函國府政務局，以後關於此類數字，不要詳細公佈，事先宜與本部連繫。

四、海軍總部報告

1. 交通部因漢潯間長江各埠迭有匪警，各江輪不敢開行，請求本部派艦護航，經請交通部派員

至潯會同解決，各段江面俱有本軍艦艇巡防，倘各江輪遇岸上有匪射擊，可隨時通報附近兵艦前往搜剿，似不必另派專艦護航，以勉減少作戰能力。

2. 請由國防部轉函交通部，通令各公司江輪，於航行中所得匪情，隨時轉報，同時各輪船公司，似亦應自行裝配小武器，以資自衛。

3. 上次會報報告，本軍急需燃料，蒙飭預算局向行政院交涉，希望早獲解決，並在未解決前，仍轉飭中國石油公司繼續隨時撥借，以免中斷。

指示：

由預算局再向行政院交涉。

五、聯勤總部報告

1. 上海中訓分團房屋，已商定分期撥還，廣東中學地產亦已交換妥善。

2. 實行新財務制度，財務署隸屬問題，請研究確定。

3. 明（卅七）年度預算迄未解決，如照今年預算延長，物價波動無法支持。

4. 兵工器材所需外匯，央行迄未匯去，請速催辦。

5. 軍糧人數糧食稽核會議，已決定配撥五百萬人份，現行政院僅准撥四百五十萬人份，請速決定。

預算局報告：

明年預算，行政院規定按今年預算延長適用三個月，不足之數，另案呈請追加，事實上目前無一項夠用，各工

廠事業費尤為困難。

次長秦報告：

三十六年度軍糧人數，主席與糧食部均曾承認照五百萬人配撥，目前糧食部以共匪竄擾，糧源稍受影響，要求只能擔負四百五十萬人，本部仍請根據主席批示要求照五百萬人配撥，眷糧照文職人員待遇辦理。

指示：

1. 軍糧按五百萬人，眷糧照行政院文官待遇辦理，由徵購司速起草簽呈主席核示。

2. 財務署隸屬問題，請部本部預算財務司與財務署研究。

六、中訓團報告

行政班畢業學員數千人，原分發山西就業，現以交通阻隔，滯留陝西，除已電西安分團予以救濟外，並請由內政部改派工作，未獲允准，現西安分團亟待結束，該項人員可否撥渭洴墾區屯墾，或按一般退役。

指示：

如志願屯墾，可以改派，由人力計劃司研究。

七、第二廳報告

海軍總部報告第一項情形，請由艦艇與商船直接連繫。

指示：

由第二廳與交通部商洽連繫方法。

八、新聞局報告

1. 旅人民服務隊隊員訓練，奉核定延長訓練二個月，於三十七年一月分派服務，惟原定訓練一

月，各部隊亦需人甚急，仍請按原計劃辦理。

2. 奉主席指示召集政工會議，預定於十一月十五
日召集參加人員，如召集旅已上新聞主官出
席，則為五百餘人，師以上則為一百五十人，
請示！

指示：

1. 可訓練一月。

2. 可召集旅以上新聞主官參加。

九、預算局報告

1. 調整待遇案，因海空軍及東北、新疆、台灣等
地待遇加成問題均未解決，差數甚大，不能即
日公佈。昨日由次長黃率領向行政院交涉，須
於下週預算審查會議提出討論。

2. 外匯整個需要，行政院尚須剔減，仍未解決。

十、史政局報告

接部長辦公室通知，奉諭由本局按月編擬對中央
政治委員會之書面報告，本局以此項適用資料，
不易及時獲得，根據過去經驗，亦至費時費事，
妨礙經常工作，曾商請由部長辦公室就每週主辦
對行政院所提出之工作簡報編送，准函復：該項
簡報多屬瑣碎事項，不合要求，且人力不夠，仍
請由本局辦理。查中政會每月所需書面報告，曾
指明為本黨政綱政策之執行情形，不涉及技術事
項，現屆月終，不宜久延，謹擬具三案：（1）由新
聞局主辦，（2）由部長辦公室主辦，（3）由史政
局主辦，請示！

指示：

部長辦公室與總長辦公室合辦，惟報告內容，須先研究本黨所頒政綱政策。

參、討論事項

一、國防部汽車汽油節約經研究擬具二案請公決案（部長辦公室）

決議：

1. 原則採用第一案，但須按業務繁簡，配置公用車輛，由秦次長再召集有關單位研究。

2. 午班車自十一月一日停開。

二、為奉行政院頒佈之公務員請假規則與陸海空軍各單行休假規則發生抵觸，謹擬具辦法請公決案（軍職人事司）

決議：

照第二條辦理。

肆、指示事項

無。

第四十二次部務會報紀錄

時　　間：三十六年十一月八日上午九時至十二時十分

地　　點：國防部會議室

出席人員：國防次長　　　秦德純

　　　　　參謀次長　　　林　蔚　方　天

　　　　　部長辦公室　　趙　援　張鶴齡

　　　　　總長辦公室　　錢卓倫　張敩濂

　　　　　陸軍總部　　　林柏森

　　　　　海軍總部　　　高如峰（代）

　　　　　空軍總部　　　徐煥昇（代）

　　　　　聯勤總部　　　郭　懺　趙桂森

　　　　　各廳局　　　　劉祖舜　張炎元　羅澤闓

　　　　　　　　　　　　洪懋祥　閻建侯　錢昌祚

　　　　　　　　　　　　鄧文儀　黃超人　趙志垚

　　　　　　　　　　　　吳　石　金德洋　鄭冰如

　　　　　　　　　　　　杜心如　鄭　果

　　　　　軍務局　　　　何志浩

　　　　　中訓團　　　　黃　杰

　　　　　部本部各司　　華振麟　鄭　澤　何孝元

　　　　　　　　　　　　廖行芳　劉詠堯　趙學淵

　　　　　　　　　　　　陳自強　劉逸奇　閻正誼

主　　席：部長白

紀　　錄：魏冠中　戴季騫

會報經過

壹、檢討上次會報實施程度

一、預算局報告

各業務單位呈請追加預算,已轉報行政院,尚未解決。

指示:

另作一節略呈部長備查。

二、聯勤總部報告

1. 明年預算雖不能決定,實物預算,須先發給,以免影響各工廠工作。

2. 運輸材料外匯,應請照批准數發給。

3. 本部要求之軍糧人數,糧食部要行政院與主席命令,始可照辦。

三、人力計劃司報告

1. 上次會報,決定設立軍墾組,直屬人力計劃司,現已組職成立,人員正選調中。

2. 原擬就近安置渭洴墾區從墾軍官,接胡主任復電略云:洴山、渭灘兩墾區,雖稍具雛形,但不合開發之面積甚多,難符轉業軍官之用等語,擬改為安置常德墾區。

3. 原擬送東北盤山墾區從墾軍官,除志願赴東北籍者,仍繼續輸送外,其餘一併安置常德墾區。

4. 分發山西之轉業行政人員,約三十餘人,現留西安,不能前往,擬分別辦理退役,或轉業軍墾。

指示:

從墾軍官,盡量在關內安置。

貳、報告事項

一、法規司報告

准內政部函送北平行轅所擬北平行轅指揮轄區內各機關工作暫行辦法、總動員實施方案、總動員委員會組織規程，請本部派員出席審查，經奉次長黃諭：由法規司司長、民事局局長，於十月三十日會同有關單位，派員出席討論，議決事項如次：上擬各項與現行法令有無抵觸，至關重要，必須詳細檢討，非短時間所能審定，原擬方案，應由各有關部會先就有關部份分別簽具意見，於一星期內送交內政部彙辦。

奉主席指示：「當前急需注意改進事項五項辦法，各部會多未奉到，應由內政部將該五項辦法即日抄送各有關部會，以憑辦理。」

二、軍職人事司報告

本部前接國府主計處公函：「為奉府令飭組織文武職人員待遇調整計劃委員會，請派代表參加」，奉次長林、黃批准本席前往，經於昨（七）日上午舉行第一次會議，此次會議之目的，在蒐集有關資料，以供研討，下次會議，將討論調整原則，（1）如採用按照指數調整辦法，應如何解決技術上之各種困難，（2）如不採用上述辦法，應用何種更好之辦法代替之，俟此項前提決定後，再行組織小組研究，現該會亟需本部供給之資料為：（一）官兵現行待遇（包括薪餉物品），與二十六年、三十四年所得之比較，（二）官兵現有人數，

　　與二十六年、三十四年人數之比較，此項資料，
　　急待提出，究應由何單位負責蒐集，請示！

指示：

待遇項目及數字，由預算局與經理署、財務屬供給，人
數數字，由第五廳供給，並由軍職人事司於下星期內通
知上述各單位派員開會研討。

三、陸軍總部報告

　　1. 美軍顧問年終敘勛，是否辦理，可否由國防部
　　　統一向該團團長魯克斯洽商辦理。

　　2. 以後各軍事學校，凡開學畢業，舉行典禮，請
　　　部長、主席主持，可否規定一辦法，指定單位
　　　負責決定日期。

指示：

1. 可由第一廳統籌辦理。

2. 各總部所屬學校開學典禮畢業日期，由各該總部決
　　定（參謀本部直轄學校，由參謀本部決定），並由
　　第五廳擬訂主席訓詞頒發辦法（材料由新聞局就最
　　近主席對剿匪重要訓示中選送），呈報主席備案。

四、空軍總部報告

　　過去陸軍大學之空軍課程，向由空軍總部派遣固
　　定專任教官擔任，因此所教課程及資料，易失時
　　代性，茲為改進計，是項教官，改由空軍參謀學
　　校中適時選派各科別之專系教官前往授課，其詳
　　細實施辦法，已函陸大逕與空軍參謀學校洽辦。

五、中訓團報告

　　正召集之陸空聯合訓練班，雖已指定教育由空軍

總部負責，事務由陸軍總部負責，仍請決定總主
持單位。

陸軍總部報告：

上項訓練班，擬由本部負責，請中訓團協助。

聯勤總部報告：

民伕隊幹部，應加入上項訓練班受訓。

指示：

民伕隊幹部可參加受訓，訓練班由陸軍總部主持。

六、第二廳報告

各單位拍發外國電報，每字需一美元，如非至
急，請盡可能改用航空寄遞，必用電報，亦請盡
量節省文字。

指示：

各單位特別注意，無時間性者，一律用代電由航空寄遞。

七、第四廳報告

查南京防空工事，需款甚巨，本部本年度工事
費，現已用罄，各綏靖區多急須構築工事，紛紛
請款，目前不能追加預算，可否飭由各防空部隊
暫先自行構築簡易野戰工事，俟明年度再視情況
計劃，分期擇要構築，惟事關首都安全，請示！

指示：

先由教育練習方面著手，構築演習陣地。

八、第五廳報告

海空軍二十六、三十四年人數，請於下週星期一
以前送本廳彙辦。

九、新聞局報告

    1. 下週召集各省主席開會，業已準備就緒，本部是否尚有其他事項提出，請指示，以便先行準備。

    2. 召集全國高級政工人員約七百人開會，已決定十一月二十五日舉行。

    3. 在鄉軍人會，應請從速組織。

    4. 長江沿岸，擬組織人民服務隊一總隊，加強民眾組織。

    5. 查辦貪污，主席一再嚴示，應擬具有效辦法偵察與預防。

聯勤總部報告：

1. 各省軍糧，均未送齊，請催送。

2. 徵集民伕，應請各省府協助，並須自備運輸工具。

3. 請各省保護通信線路。

4. 軍醫院政工人員，多不健全，請加調整，民伕隊，亦請派政工人員。

指示：

1. 新聞局對組訓民眾，應有政治教育計劃。

2. 軍事方面，如有要求各省自衛隊之事項，由三廳擬具計劃提出。

3. 聯勤總部可確查各倉庫不用械彈，發交地方自衛隊使用，彈藥或採用價發辦法。

4. 在鄉軍人會應組織。

5. 新聞局報告第五項，由監察局辦。

十、中訓團報告

    分發各省復員轉業軍官，多尚未安置，此次各省

成立運輸隊、自衛隊，可向其提出運用，又在鄉
軍人組織，希望能作硬性規定。

指示：

人力計劃司注意提出。

十一、預算局報告

　　　1. 奉次長林面諭：行政院院務會議，院長提出
　　　　 質詢，（1）八月份調整待遇，台灣方面，何以
　　　　 發給過遲，傳聞軍隊發薪，上海即增加游資活
　　　　 動，原因如何，已詳細呈復行政院在案。

　　　2. 美軍顧問團，尚未簽訂正式合同，行政院認
　　　　 為無案，所墊經費，無法歸墊，請速指定專
　　　　 管單位辦理。

次長秦報告：

行政院院會，院長提出各項，除預算局已報告外，尚有
兩項：（1）要求控制預算，邇來各單位直接呈主席交下
之外匯預算，認為無法核發。（2）應減少駐外武官。

指示：

1項除於下週行政院口頭報告外，並另擬書面報告，請
其派員查明。

十二、兵役局報告

　　　明（卅七）年度配發第二線兵團之徵額，希早
　　　日決定。

指示：

提參謀會報。

十三、軍務局報告

　　　三十六年八月二十五日主席手令，飭對憲警職

權應明白劃分，交國防部會同內政部擬訂憲警勤務規則，於二星期內報核，內政部經於九月八日擬呈憲警職權暫行劃分辦法，業經簽呈總長核轉部長。本案經本局簽報主席，奉批抄發內政部原辦法一份，交國防部查核辦理，限一星期內具報，曾以酉東侍地代電飭辦在案，請速報核。

指示：

一應催憲兵司令部速辦。

參、討論事項

國防部汽車汽油節約辦法請公決案（部長辦公室）

決議：

原則通過，由部長辦公室與運輸署速將遵辦情形及實際減少車數呈復主席。

肆、指示事項

無。

第四十三次部務會報紀錄

時　　間：三十六年十一月二十二日上午九時至十二時四十分

地　　點：國防部會議室

出席人員：國防次長　　　　秦德純　劉士毅

　　　　　參謀次長　　　　林　蔚　方　天

　　　　　總長辦公室　　　錢卓倫　張敬濂

　　　　　陸軍總部　　　　林柏森

　　　　　海軍總部　　　　周憲章

　　　　　空軍總部　　　　周至柔（劉炯光代）

　　　　　聯勤總部　　　　郭　懺　吳光朝

　　　　　各廳局　　　　　於　達　李崇舜

　　　　　　　　　　　　　邱希賀　歐陽秉琰

　　　　　　　　　　　　　劉雲瀚　吳欽烈

　　　　　　　　　　　　　鄧文儀　王開化

　　　　　　　　　　　　　趙志垚　陳樹華

　　　　　　　　　　　　　彭位仁　鄭冰如

　　　　　　　　　　　　　杜心如　賈亦斌

　　　　　軍務局　　　　　何志浩

　　　　　中訓團　　　　　黃　杰

　　　　　國防科學委員會　李運華

　　　　　部本部各司　　　華振麟　鄭　澤　何孝元

　　　　　　　　　　　　　袁同疇　劉詠堯　趙學淵

　　　　　　　　　　　　　陳自強　林德侯　鄧樹仁

主　　席：部長白

紀　　錄：魏冠中　戴季騫

會報經過

壹、檢討上次會報實施程度

修正紀錄：

上次會報報告事項三，指示 2 修正為各總部所屬學校開學畢業日期，由各該總部決定（參謀本部直轄學校由參謀本部決定）後，再請高級長官訓話，如不能前往時，則由各總司令主持典禮，不變更既定日期（參謀本部直屬學校，由參謀本部派員主持），關於主席訓詞頒發辦法，由第五廳擬訂（材料由新聞局就最近主席對剿匪重要訓示中選送），呈報主席備案。

一、次長秦報告

　　本部汽車汽油節約案已辦妥，汽車約可減少五百餘輛，惟復員時中國陸軍總部與國防部前後借去車輛，奉諭詳查報核，正由郗署長查案列報中，一、二日內可一併呈復。

指示：

速呈復主席。

二、法規司報告

　　上次會報軍務局報告，關於憲警職權劃分辦法，憲兵司令部尚未修改完全，明日可送部。

指示：

速催辦呈復。

三、人力計劃司報告

　　滯留西安之轉業山西行政人員已到達山西。

四、中訓團報告

　　陸空訓練班，原定十三日開學，十六日分發，以

　　　　學員報到較遲，至十四日始開學，十七日分發，
　　　　共報到二一四人，較預定數目，相差甚大。
五、部長報告
　　　1. 在鄉軍人會，均認應速成立，各省主席並希望
　　　　該會由軍管區指導組織。
　　　2. 退役軍人半薪，按規定係每年分兩期發給，如
　　　　在民眾自衛隊服務，半薪可否按月發給，由郭
　　　　總司令先予研究。

次長劉報告：

在鄉軍人會，行政院恐在鄉軍人干涉地方行政，私組黨
派，不肯通過，實際在鄉軍人會，係以縣為單位，無橫
的連繫、縱的組織，如正式組織成立，反易管理。

兵役局報告：

在鄉軍人會組織，關係平時治安、戰時動員，按施行法
規定，可由國防部逕行頒令組織。

指示：

在鄉軍人會，由兵役局查明，如有法律根據，即可成
立，其組織及服務地方待遇辦法，由劉次長（士毅）召
集第一廳、民事局、兵役局、新聞局、預算局、法規
司、軍職人事司、人力計劃司先予研究。

六、聯勤總部報告
　　　徵集民伕已辦妥，此次民伕發給主食及副食費。

貳、報告事項

一、軍務局報告
　　　1. 國防部九月十三日呈報三十七年度施政方針與綱

領一案，十月十一日奉批，准照實施，並飭於補
充一項內補列對本年度幹部補充之基礎數字。

2. 九月三十日呈報之提高行政效率一案，十月十
四日奉批准照實施，並飭將實施效果，每月彙
報一次。

3. 本年四月間，主席查問廣播分台設置情形，及
電影放映隊組設情形，經催報數次，請新聞局
迅速查報。

4. 十一月十八日擬呈戰地視察人員訓練班組織規
程，及訓練計劃要旨，預定派李覺為班主任，
並定十一月二十八日召集報到，十二月一日開
始上課，時間匆促，請中訓團、第一廳、第三
廳、監察局、新聞局預為準備。

5. 呈報主席文電，有關部隊番號，應註明部隊長
姓名，如有前案，應註明核准字號。

6. 近來各方報告重要軍情，有用無線電者，主席
每批糾正，請主管單位設法予以規定。

總長辦公室報告：

提高行政效率案，因估價付印尚未頒佈，擬自三十七年
一月實施，其效果須至明年二月始能報出，至於未報原
因，擬另案呈復。

指示：

1. 主席手令事項，各單位應遵照速辦呈復。

2. 無線電保密，應妥慎研究。

二、預算財務司報告

奉行政院令頒三十七年度預算暫編辦法，以本年

　　度原預算及追加預算之有繼續性者，伸算核列半
　　年，按本年六月以後物價，不斷上漲，公營事業
　　加價，而本部任務繁重，照此辦法編列，與實際需
　　要，相差甚遠，已具呈行政院賜予保留，准按作戰
　　最低需要編列，又編送預算時，附列中心工作，
　　請各單位予以注意。

聯勤總部報告：

明年預算，如照今年伸算，則各種事業費至為困難，人
數應請確定。

預算局報告：

1. 關於三十七年度軍費預算，行政院決定除官兵薪餉，
　　由本部列表送院核列外，其餘即由院按三十六年度
　　原預算，及歷次追加預算之有繼續性者伸算核列半
　　年，但本部已呈請而尚未奉批之追加案，擬未列計
　　在內，此項預算與實際需要，相差遠甚，謹擬具補
　　救辦法如左：

　　(1) 所需物品補給經費，先由各主管單位擬定補給標
　　　　準，再依據標準，計算明年上半年所需品種數量
　　　　及所需價款報核。

　　(2) 所需事業費，先由各主管單位，擬定明年上半年
　　　　必需辦理之事業，再就此範圍，計算其所需經費
　　　　報核。

　　(3) 上項報表，由部核定後，彙呈主席核定，再請行
　　　　政院追加預算。

2. 關於官兵總人數，聯勤總部統計，超過甚多，擬請
　　指定主管單位重行計算，以後如有增減，須呈請主席

核准令知行政院，俾請求預算及實物時，有所依據。

次長劉（士毅）指示：

行政院對本部人數核實，頗有煩言，亟應詳細考慮。

次長林指示：

部隊人數核實，已有點驗委員會，其組織辦法，可由新聞局以新聞發佈。

軍務局報告：

戰地視察組已成立九個組，在大別山區及隴海路沿線，計有六個組，各單位如有調查事項，可運用視察組之機構，對於各部隊之點驗，已奉准飭視察官參加。

聯勤總部報告：

部隊各種給與，必須先使合理，然後始能澈底整頓。

指示：

1. 改良各項給與（戰臨費、教育費、旅費、辦公費等），由林次長、秦次長召集第一廳、第四廳、預算局、監察局、預算財務司、軍職人事司、軍務局、陸軍總部、聯勤總部會商研究。

2. 傅作義部經理良好，可選派人員赴張垣綏署考查綏部隊給與情形，以資參考。

三、工業動員司報告

1. 日本賠償機器，首批拆遷機器內之散批工具機9,448部詳細清單，已到賠委會，並已區分配給各部會，但本部各單位尚待分配，現有四百餘部，已裝箱待運，接運技術，尚在準備中。

2. 美國 STRIKE 委員會主任委員，已到上海，擬來京調查，各單位擬使用機器計劃，希各單位

準備資料。

指示：

2 項可與連繫，並與日本賠償委員會商洽。

四、徵購司報告

1. 西北軍用油料，計每月需油五十萬加崙，中國石油公司，僅允由玉門油產內供三十萬加崙，因不敷甚大，曾呈報主席請飭資委會轉飭石油公司仍按五十萬加崙撥供在案，茲准中國石油公司電復，仍按四十一萬四千加崙供給，計（一）聯勤總部三十萬加崙，（二）西北行轅八萬加崙，（三）空軍總部三萬四千加崙。

2. 鈾釷礦收購案，前奉行政院頒發該礦禁止私採私運辦法內，第三、四兩條，應由本部負責收購，擬具辦法呈復，當於十月三十日由本部電轉總長，並副稿抄送兵工署、第六廳、國防科學委員會，請擬具收購辦法報部，但迄未送到，擬請各有關單位迅辦送部，以便彙復。

3. 美國李潘宜公司，代本部向美洽購彈藥案，頃接該公司函送清單到部，計十四種，悉屬槍砲之類，但前本部僅就兵工署所送需要彈藥品量，與該公司代表洽請在美代購，而所送清單，又未見提及，未知海空軍、聯勤各總部，是否曾單獨向該公司洽購，美國軍火輸出解禁，本部需要武器彈藥，是否仍須向該公司洽購，請示！

指示：

1. 2 項應由資源委員會收購，本部可予協助。

2. 3 項俟將來有需要時再辦。

五、土地及建築司報告

　　奉主席手令：「通令各軍事學校及中訓團與各訓練班，均應將土地政策一門，列為必修科目，以講解三民主義、平均地權之原則，及政府之地政法規，同時應特別注重養成保密與求實求速之精神。」一案，奉賜長秦面諭：「由土地及建築司擬定講授課程課目，其教育時間之分配，及保密求實求速精神之養成，係屬軍事教育，應由第五廳擬定呈核。」

六、國防科學委員會報告

　　廣西鈾鈦礦走私，曾以部長名義函黃主席注意禁止，在港礦料，奉主席手令，由本部收購，將來可換取外匯，似可照辦。

七、總長辦公室報告

　　戰略顧問委員會，函請出席本部各種軍事會報，次長林業已函復歡迎參加在案，本部部務、參謀兩會報，以後是否每次通知參加，請示！

指示：

可以通知。

八、空軍總部報告

　　全國無線電通訊週率之管制，尚無任何機構負責主持其事，擬請由國防部召集有關單位開會討論規定。

指示：

由民用工程司召集有關各單位研究。

九、海軍總部報告

關於接收美艦，外交部於本月二十一日開會繼續討論，我國所提各點，美方已逐一答復，對於撥讓艦上備砲所需彈藥，美方認為不能附贈，意在價購，至於洽商詳情另行呈報。

指示：

可續談判請其贈讓。

十、聯勤總部報告

1. 聞行政院昨決議自十一月份起國軍副秣費，增加百分之百（海空軍加給在內），如此項消息公佈，則陸軍必須增加百分之百，海空軍加給將成問題，應請注意。

2. 交警總隊，兵器器材預算，原定由交通部編造，現擬由本部代造，可否將交警總隊陸續改為國軍，以期編制一律，補給容易。

3. 降落傘預算，請由空軍編造。

4. 台灣要塞砲（十二寸的）可否酌量抽回內地裝備要塞。

5. 明日上午十時在孝陵衛試驗活動堡壘，請各位參觀。

指示：

1 項新聞局注意，不得登報。

十一、中訓團報告

軍事幹部訓練班收訓被俘軍官，擬請由國防部

或陸軍總部控制審核權，以免浮濫。

指示：

該項幹部須注意考察，可先收後審查，由第一廳與陸軍總部會商研究，並由陸軍總部計劃使用。

十二、新聞局報告

      1. 政工會議二十五日開會，預定七百人，可到九百人。主席將親自主持，如主席不能到時，擬請部長、次長主持。

      2. 戡亂時期，本局業務日益繁重，奉令裁減一處，業務無法推行，希望暫緩執行。

第五廳報告

1. 新聞局立法連絡處裁撤，係顧問團建議，認為該項業務，應由部本部法規司辦理。又軍法處改為軍法局，法律部份，可移軍法局辦理，如其他業務繁重，編制不夠，可再研究。

指示：

可專案簽請參謀總長核定。

十三、預算局報告

      1. 今年外匯，行政院仍不肯整個解決，須分案辦理。

      2. 軍眷福利品，請照文官待遇辦理案，行政院尚未批示，請部長出席院會時催辦。

參、討論事項

部隊人數及編制異動，是否需要隨時呈報行政院請公決案（預算局提）

決議：

如編制人數增加，每月彙報。

肆、指示事項

關於新學制方案，自頒行以來，迭經各單位提出各種不同意見，迄未決定，茲綜合各方意見，並就目前情勢，提示四項，希予研究。

一、為顧慮國際關係，對美顧問建議，並經奉主席核定之養成教育新學制方案，不宜遽爾變更，應於一定期內，予以試驗，如有必要，再行修正。

二、在戡亂期間，需要初期幹部補充，由新制軍校養成，則有緩不濟急之嫌，由軍士提升，則素質又嫌低落，為顧慮建軍，又不可廢棄新學制，在此過渡期間，宜新舊學制併用。

三、本部除照新學制設立各級學校外，在戡亂期間，陸海空勤各總部已設有之軍官學校及陸軍大學、空軍參謀學校等，均仍照舊。

四、各總部對學制創設之各級學校，應以充分合作之精神，以赴事功。

第四十四次部務會報紀錄

時　　間：三十六年十二月五日上午九時至十一時三十分

地　　點：國防部會議室

出席人員：國防次長　　　　秦德純　劉士毅

　　　　　參謀次長　　　　林　蔚　方　天

　　　　　總長辦公室　　　錢卓倫

　　　　　陸軍總部　　　　林柏森

　　　　　海軍總部　　　　周憲章

　　　　　空軍總部　　　　周至柔（劉烔光代）

　　　　　聯勤總部　　　　張秉均　趙桂森

　　　　　各廳局　　　　　徐汝誠　李崇詩

　　　　　　　　　　　　　邱希賀　歐陽秉琰

　　　　　　　　　　　　　劉雲瀚　吳欽烈

　　　　　　　　　　　　　李樹衢　王開化

　　　　　　　　　　　　　趙志垚　吳　石

　　　　　　　　　　　　　彭位仁　甘印森

　　　　　　　　　　　　　杜心如　徐思賢

　　　　　軍務局　　　　　何志浩

　　　　　中訓團　　　　　黃　杰

　　　　　國防科學委員會　李運華

　　　　　部本部各司　　　華振麟　鄭　澤　何孝元

　　　　　　　　　　　　　廖行芳　劉詠堯　趙學淵

　　　　　　　　　　　　　陳自強　劉逸奇　鄧樹仁

主　　席：次長秦（代）

紀　　錄：戴季騫

會報經過

壹、檢討上次會報實施程度

一、修正紀錄

上次會報討論事項決議修正為「如增減機構及編制人數增加，每月彙報。」（由第五廳會預算局以部稿擬辦。）

貳、報告事項

一、民用工程司報告

關於全國無線電通訊週率管制案，已由民用工程司擬訂討論事項數則，函知文武各有關機關，定於本（十二）月十五日午後二時，在部本部會議室開會，請由次長秦主持。

二、軍職人事司報告

1. 本席奉派出席文武職人員待遇調整計劃委員會，除第一次會議情形，已提前次部務會報報告外，茲將該會最近四次大會及一次小組會之討論結果報告如次：

   (1) 一般待遇調整原則：文武職人員待遇，按照生活指數調整，每月調整一次，本月待遇用上月指數。

   (2) 一般待遇調整辦法：

   基數問題：以戰前底薪三十元，為公務員生活基數，即三十元以內之底薪，完全照生活指數調整。

   加成問題：底薪三十一元至八百元，一律照

生活指數百分之十五調整。

分區問題：以特別市、省會及各縣平均數，各為一區，作代表指數，計共分五區，京滬屬於第二區。

至軍人待遇問題，曾於本星期四日下午，由行政院、國防部、財政部召開小組研究，本部擬有提案一份，大體已照案通過，俟本日下午計劃委員會第六次會議決定後，再行報告。

2. 上次部務會報部長白指示，關於在鄉軍人會組織，及退役軍官佐在保安團隊或民眾自衛隊服務待遇辦法各問題，應速研討一案，業由次長劉於本月二日召集各有關單位開會商討，經決議：

一、在鄉軍人會組織，由本部重申前令，通飭按照民國二十五年軍政部呈奉頒行之陸軍在鄉軍官會組織通則，呈行政院咨立法院頒行。（由兵役局辦）

二、退役軍官佐，被派在保安團隊服務者，自呈經本部核准回役之日起，每月受保安團隊之待遇，應停發退役俸。

三、退役軍官佐在脫離生產之民眾自衛隊服務者，仍以在鄉軍人身份，每月除享受自衛隊之給與外，並仍發給退役俸。

四、退役軍官佐，如在保安團隊或民眾自衛隊服務者，其退役俸可否按月發給一節，因財務署顧慮，恐預算增大，財力不能負擔，且發放手續煩難，經決議由本司提請

部務會報報告，並請公決。

兵役局報告：

1. 在鄉軍人會組織通則，因與社會、內政各部有關，未便由本部逕行頒佈。

2. 由部呈請行政院，請將本部所呈在鄉軍人會組織通則，咨請立法院審議公佈案，擬俟在鄉軍人管理規則，由行政院核頒後，再行辦理。

3. 在鄉軍人會組織通則，未核定公佈前，由本部重申前令，通飭各省，仍遵照前軍政部頒佈之陸軍在鄉軍官會組織暫行規則辦法。

預算局報告：

1. 文武待遇調整計劃委員會，對本部提案，業已通過，武職人員待遇，按第二區調整，惟須本部擬具核實辦法，同時實施，請指定擬訂單位。

2. 查以前官兵待遇每月按生活指數調整，數目相差甚大，以前退役俸，係照每年二、八月待遇發給，以後如何規定，請決定。

次長劉指示：

軍隊總員額不能再事擴增，行政院必須本部核實，目前除實施點驗外，編制亦應合理調整，不必要增加，應嚴格控制，請主管單位研究。

次長林指示：

1. 第二線兵團與中央各軍事機關學校之核實，自明年元月起實施兵員日報表，作戰部隊一時不能實施，可由點驗委員會點名發餉。

2. 退役俸仍應分兩期發給，以免混亂。

三、人力計劃司報告

關於各墾區籌辦情形，本月一日曾召集各墾區及有關各單位開會，由次長劉主持，除聽取各墾區籌備情形外，其決議要點如左：

1. 各墾區人數之分配，計東北約二、三〇〇人（青年軍二八七人在內）、洞庭區一、〇〇〇人、長墊區四五人，瑞昌區二〇二人。

2. 經費之分配計事業費約三百億，一次發給，萬一不足，舉辦農貸補助，墾員待遇，一百四十四億，不足由墾區一次退役金補助，東北、長墊兩區，發給六個月，洞庭、瑞昌兩區發給九個月，均以本年十月給與為標準，以後不調整。

指示：

希爭取時間速辦，並簽呈部長。

四、徵購司報告

關於美軍顧問團用油及經費，因行政院無法案，交涉請領，發生困難，經由次長秦召集有關單位開會商討，結果如下：

1. 顧問團一切招待事宜，仍由勵志社辦理。

2. 明年度招待費，由預算局、勵志社速辦，送本部核提行政院核定，並由預算局對院方負接洽之責。

3. 與美軍顧問團協定，由部備函外交部，遵照主席批示，請王外長迅即簽訂，完成法案，由徵購司主辦，由法規司何司長前往催辦。

4. 汽油外匯及本部招待費，不敷部份，由預算局

再向行政院洽撥。

5. 汽油外匯，同時由勵志社簽請主席批發，萬一均不獲准，暫由本部節餘外匯項下墊撥，列入明年國防外匯案內請領。

6. 十二月份顧問團用油，在整個問題未解決前，仍由聯勤部借撥。

7. 勵志社所借之九十億，本年暫緩扣，以資週轉。

指示：

行政院已有案通過。

五、國防科學委員會報告

1. 行政院令本部收購在港所存之鈾釷礦，應照令請由兵工署執行，所需款項，請行政院照撥，如兵工署不能執行時，請呈復行政院飭資源委員會收購。

2. 如兵工署收購，請該署應用化學研究所採取現有礦樣，先行化驗，以定價格。

3. 收購後，請組織臨時委員會，研究在本國如何利用此項礦物，或與外國交換物資辦法。

4. 組織全國稀有金屬研究發展及管制委員會。

指示：

先派員赴廣西調查。

六、聯勤總部報告

1. 奉核定各鐵路線護路司令由鐵道軍運指揮官兼任，不另設機構，美顧問曾建議將南京軍運指揮所改組為江南統一運輸機構，現決定保留，京滬杭浙贛線，擬選派一高級軍官，由軍運指

揮所調必要人員，另行組織一專管機構。

2. 聖誕節是否招待美顧問團，並由何單位主辦，
請示！

空軍總部報告：

聖誕節，對美顧問團送禮問題，擬請國防部統一辦理，
以免各單位所送均不一致。

指示：

1 項已簽呈主席。

2 項可與總務處研究。

參、討論事項

確定處理匪俘程序及各級職責之劃分案（陸軍總部提）

決議：

由陸軍總部召集第一廳、第五廳、新聞局、兵役局會商
研究。

肆、指示事項

無。

第四十五次部務會報紀錄

時　　間：三十六年十二月二十二日下午三時至五時

地　　點：國防部會議室

出席人員：國防次長　　　　秦德純　劉士毅

　　　　　參謀次長　　　　林　蔚　方　天

　　　　　總長辦公室　　　錢卓倫　張敫濂

　　　　　陸軍總部　　　　林柏森

　　　　　海軍總部　　　　高如峯

　　　　　空軍總部　　　　周至柔（劉烱光代）

　　　　　聯勤總部　　　　吳光朝

　　　　　各廳局處　　　　徐汝誠　曹士澂　邱希賀

　　　　　　　　　　　　　洪懋祥　劉雲瀚　錢昌祚

　　　　　　　　　　　　　鄧文儀　余文傑　趙志垚

　　　　　　　　　　　　　戴高翔　金德洋　鄭冰如

　　　　　　　　　　　　　杜心如　鄭　果　陳春霖

　　　　　　　　　　　　　戴　佛　錢壽恆

　　　　　戰略顧問委員會　尹作瀚

　　　　　中訓團　　　　　黃　杰

　　　　　部本部各司　　　華振麟　楊憶祖　何孝元

　　　　　　　　　　　　　廖行芳　劉詠堯　趙學淵

　　　　　　　　　　　　　黎國培　劉逸奇　鄧樹仁

主　　席：次長秦（代）

紀　　錄：戴季騫

會報經過
壹、檢討上次會報實施程度
一、修正紀錄

次長劉指示：

軍職人事司報告第 2 項一，修正為「在鄉軍人會組織，在未奉核定頒佈前，由本部重申前令，通飭各省按照民國二十五年軍政部呈奉頒行之陸軍在鄉軍官會組織通則辦理，陸海空軍在鄉軍人會組織通則，呈行政院咨立法院頒行。（由兵役局辦）」，第 2 項四刪去「保安團隊或」五字。

貳、報告事項
一、法規司報告

1. 關於與美顧問團簽訂協定案，奉指示：由本司向外交部接洽，經晤外交部條約司長，並說明本部因協定未簽訂，行政院不能撥給該團招待費，及結構外匯等情，據稱該案自美公使返國，前條約司長他調，遂致中輟，新任來華不久，案情不甚明瞭，須有短時間之研究，始能討論，結果如何，容再函知本部。

2. 動員戡亂完成憲政國防軍事實施辦法案，前經本部彙編送行政院轉交經濟部會同本部及有關機關開會審查，經修正為三十八條，呈院核定，茲查該辦法已由行政院明令公佈，並補登本年十二月九日國府公報在案。

二、人力計劃司報告

1. 各墾區從墾人員待遇，前因限於經費困難及實際情況，經規定東北、長墊兩區，發給六個月；洞庭、瑞昌兩區，發給九個月，均以本年十月份給與為標準，以後不再調整，現東北、長墊兩區，以發至明年六月為止，以後生活，無法維持，擬請延長發給時間，究應如何辦理乞示！

2. 轉業人員候差期間，大部已屆截止期，尚有一部未派工作，行政院於本月十二日召集有關各部會開會研討，經決定二項辦法：（1）凡未核派工作之轉業人員，應切實查報人數，酌給補助費，限兩個月內安置完畢，否則中央不再負責。（2）轉業警官及行政人員，因人數較多，第二批警官五千餘人，行將畢業，除已安置及可能安置者外，可調充各省擴充保安團隊幹部，以資安置。

指示：

2 項可照辦。

三、中訓團報告

1. 軍事幹部訓練班班址，奉指定借用常州新聞班房屋，經與二○二師交涉，不肯遷讓，現移澕墅關暫住，所住為民間蠶種工場不合訓練，請確定地點，以便集中訓練，又該班報到學員四六○員，其中有中少將級者，並有軍文軍佐數十名，原定計劃，只訓練軍官，可否將報到之軍佐調各業務單位任用，軍文予以資遣，請陸

　　軍總部研究。

　2. 水產班送來出品十二種，共一千一百餘罐，每
　　月可產十萬罐，該班意見，擬請聯勤總部供給鐵
　　皮，按成本代為製作供各部隊副食實物補給。

指示：

1. 軍事訓練班班址，由預幹局將常州新聞班房屋借
　用，軍佐屬任用，由第一廳召集有關單位研究。

2. 由聯勤總部考慮後，與中訓團水產班、第六廳、預
　算局會商研究。

四、第二廳報告

　　新訂之文書手冊，規定自明年一月一日起實施，
　　本廳已請副官處派員擔任講習，關於所需公文箱
　　卡片等件，聞由聯勤總部補給，現時期迫切，該
　　項物品，尚未辦妥，是否延期實施。

副官處報告：

公文用品，除各總部規定自辦外，國防部所屬各單位
由聯勤總部補給，此項預算已批准，即可印製，可不必
延期。

五、民用工程司報告

　　關於全國無線電通信週率管制案，已於本（十二）
　　月十五日邀集部內外各主管電信單位開會研究，
　　決定原則如左：

　1. 通信週率應予劃分。

　2. 電台之設立及機件與電力之使用，均須予以限
　　制與取締。

　3. 全國無線電通信週率管制事宜，由交通部主辦

之中華民國無線電發射週率管制委員會主持其

事，並加強其組織，使之積極展開工作，已將會

議紀錄分送各與會單位，以後當再隨時促進。

六、第四廳報告

1. 關於本部第一期實施新制單位，公雜用品文具

紙張等品種，原定明年元旦起實物補給，因各

總部尚未報齊，審核單價及編造預算等，均需

相當時間，可否延緩兩個月實施，並請各總部

務於本年底將給與標準報部。

2. 我國出席日內瓦明年一月十五日無線電週率會

議，本部應派代表參加，奉批陸海空勤共派一

員，聯勤總部復無此項專門人材，空軍所提者，

未奉核准，海軍尚未報來，可否再由各總部對無

線電技術有研究人員中挑選一員，以便偕同交

通部前往參加，請示！

指示：

1 項可根據平時數量試辦。

2 項由第四廳召集民用工程司、陸海空聯勤各總部再行

研究。

七、第六廳報告

1. 關於香港發現外人購買廣西鈾礦問題，經六廳

召集有關單位研討，認為所傳價格似不確實，

已決議由本部徵購司與資源委員會，派員赴香

港、廣西二處調查。

2. 原子能研究，全賴有提鍊礦砂之設備，現國內

無精鍊之冶金公司，如發現有價值之礦砂，暫

時只可做到保留地步。

指示：

1 項先派員赴廣西調查。

八、測量局報告

本部急需圖紙，加印地圖，沖繩島存紙，物資局必須付現價購，請轉請行政院先予批發後，扣明年度預算。

指示：

簽請行政院先發後照開價付款。

九、軍法處報告

本月十六日奉主席電令為配合行憲，此後關於共黨盜匪及違反動員防護交通器材等案件，應組織特種刑事法庭審判，隸屬司法行政部，由軍法機關兼辦，審判程序，與軍法同，已交立法院完成立法程序，等因，並遵照主席意旨，擬訂特種刑事法庭組織草案，及戡亂時期危害國家緊急治罪條例草案，備立法院審查會參考，昨奉立法院通知，已於二十一日通過，至特種刑事法庭如何組織，由行政院、司法院會商決定，此後非軍人之共黨盜匪違反動員法令，防護交通器材等案，將由軍法、司法混合編組之特種刑事審判，其程序可望與軍法同。

參、討論事項

無。

肆、指示事項

一、各單位承辦主席手令大部已辦，其有未辦者應自
　　行檢討。

二、兵員總額，由國防部在限額以內調整，事實上未
　　能作到，目前趨勢，仍在繼續擴大，以後各單位
　　奉主席交辦事項，應就原有機構人員予以運用，
　　不應因此擴張。

三、明年度業務計劃，根據本年年終業務檢討結果策
　　定，總檢討尚需時日，各單位明年度應辦事業，
　　可先著手準備。

四、各地營房管理，實際上供應局難於兼顧，似可由
　　師團管區負責，由土地及建築司與工程署研究有
　　效辦法。

第四十六次部務會報紀錄

時　　間：三十七年元月五日下午三時至五時二十分

地　　點：國防部會議室

出席人員：國防次長　　　　秦德純　劉士毅

　　　　　參謀次長　　　　林　蔚　方　天

　　　　　總長辦公室　　　顏逍鵬　張敫濂

　　　　　陸軍總部　　　　林柏森

　　　　　海軍總部　　　　高如峯

　　　　　空軍總部　　　　周至柔　劉炯光

　　　　　聯勤總部　　　　張秉均　趙桂森

　　　　　各廳局　　　　　徐汝誠　曹士澂　邱希賀

　　　　　　　　　　　　　洪懋祥　劉雲瀚　錢昌祚

　　　　　　　　　　　　　李樹衢　廖濟寰　趙志垚

　　　　　　　　　　　　　吳　石　金德洋　鄭冰如

　　　　　　　　　　　　　杜心如　徐思賢　陳春霖

　　　　　　　　　　　　　徐業道　錢壽恒

　　　　　軍務局　　　　　何志浩

　　　　　中訓團　　　　　李及蘭

　　　　　國防科學委員會　徐庭瑤

　　　　　部本部各司　　　華振麟　楊憶祖　錢貽士

　　　　　　　　　　　　　廖行芳　劉詠堯　趙學淵

　　　　　　　　　　　　　陳自強　劉逸奇　鄧樹仁

主　　席：次長秦（代）

紀　　錄：戴季騫

會報經過
壹、檢討上次會報實施程度
一、次長秦報告

在鄉軍人管理規則，上週行政院院會已通過，在鄉軍人會組織通則，經提出未獲通過。

貳、報告事項
一、徵購司報告

1. 關於美顧問團用油案，預算局與行政院洽商，院方以無案可稽，對該團用費，應如何籌撥，按月輸入油料，究需若干，應否准其結購外匯及免稅等，由國防部擬具具體辦法呈核，經次長秦召集有關單位會商決定辦法五項：

  (1) 由本司備部函，請何司長赴外交部洽催，速簽協定。

  (2) 在正式協定未簽訂前，由部先抄同該草案呈院，以資依據。

  (3) 該團一切事務，指定預算局對行政院負責，招待委託勵志社辦理。

  (4) 三十六年經費及購油外匯，由預算局、勵志社清算，呈院追認核撥，三十七年所需，專案呈院核定。

  (5) 關於輸入品之免稅範圍及手續，依照協定草案規定辦理，由部先通知有關部會查照。

  以上各項，奉行政院指復 (1) (2) (5) 項准照辦，(3) 項應由本部負責，(4) 項三十六年度經費，就已

　　核定之預算清算，三十七年度經費，就已列該部軍費預算，樽節開支，查三十六年經費，就原核定預算，無法彌補，三十七年經費，併列本部預算，亦困難甚多，奉次長鄭批示，由預算局將經費數字簽復，並呈主席核定。

2. 接外交部公函，關於簽訂協定，美使館祕書盧登表示，協定草案內容，無意再予修改，因未經國會通過，（必要授權法案）致爾延擱，如授權法案能於日內完成固佳，否則可簽訂臨時協定，但其中二十三、二十四、二十五等條，則不生效，須正式簽訂，方可履行。

預算局報告：

此案亟需解決，本部過去未指定專管單位，現該團經費，逐漸增加，行政院規定又少，繼續墊付，困難甚多，請速確定主管單位。

空軍總部報告：

與顧問團簽訂協定時，關於機場使用，應有規定，請國防部注意向行政院提出。

指示：

對顧問團一切事宜，由鄭次長召集軍職人事司、法規司、第二廳、預算局、陸海空軍各總部、勵志社等單位，蒐集過去一切資料，會商研究。

二、海軍總部報告

　　五十七次參謀會報，指示事項一，「將有千餘噸活動房屋撥交本部，聯勤總部應預先計劃位置及使用。」等語，此項房屋，本部駐防西南沙群島官

兵，亟待需用，請速撥發。

指示：

尚未運到。

三、空軍總部報告

元旦授勛令，有一部份人員授予空軍勛章，殊不適當，請主管單位注意。

指示：

由一廳查明。

四、中訓團報告

戡亂建國訓練班已報到千餘人，其中女生十餘名，尚無服裝，請聯勤總部製作補給。

指示：

由第一廳規定式樣，由聯勤總部製作。

五、預算局報告

三十七年度預算情形（略）。

六、測量局報告

1. 上次部務會報關於本部所需印圖紙張，請次長轉請行政院，飭物資局先撥後轉帳，該案未奉部本部通知，不知交涉結果如何？

2. 查中美測量技術合作，過去曾有商談，未獲協議，此次我國派赴華府代表，是否應將該項合同草約送供參考。

指示：

1項各單位將所需紙張數字，送交徵購司，向物資局洽購，應扣預算由預算局辦理。

七、軍法局報告

    1. 後方共產黨處置辦法，關於受理機關，改歸軍法審判後，各級司法機關，已將共黨案件，紛紛移送軍法機關，但去年十二月二十五日，國府公佈戡亂時期，危害國家緊急治罪條例，規定非軍人案件應由特種刑事法庭審判，此項法庭，規定由行政院會商司法院組織，在未組成前，如何辦理，似應以部總長名義簽呈主席核示。

    2. 特種刑事法庭，規定由司法與軍法合組，現軍法機構，在各省區者，僅有保安司令部之軍法科，可否在此次恢復保安司令部時，加強軍法機構，設置軍法處，以便將來實行合組特刑法庭時，得以順利進行，請核示。

指示：

1 項簽呈請示。

2 項可先擬一案呈行政院參考。

參、討論事項

一、國軍眷糧，遵經數次提會，並簽呈請示，迄未奉決定辦法，謹再提請解決（聯勤總部）

決議：

如行政院將五十萬人份眷糧代金發給，照原辦法辦理，否則，照所擬辦法辦理，先簽呈主席核示。

二、為請改善各地屯補彈藥辦法案（聯勤總部）

決議：

通過。

肆、指示事項

無。

第四十七次部務會報紀錄

時　　間：三十七年元月十九日下午三時至七時

地　　點：國防部會議室

出席人員：國防次長　　　　秦德純　劉士毅　鄭介民

　　　　　參謀次長　　　　林　蔚　方　天

　　　　　總長辦公室　　　錢卓倫　張敬濂

　　　　　陸軍總部　　　　林柏森

　　　　　海軍總部　　　　桂永清　周憲章

　　　　　空軍總部　　　　周至柔（劉炯光代）

　　　　　聯勤總部　　　　呂文貞

　　　　　各廳局　　　　　於　達　曹士澂　邱希賀

　　　　　　　　　　　　　洪懋祥　劉雲瀚　吳欽烈

　　　　　　　　　　　　　李樹衢　余文傑　趙志垚

　　　　　　　　　　　　　戴高翔　金德洋　鄭冰如

　　　　　　　　　　　　　杜心如　賈亦斌　唐　縱

　　　　　　　　　　　　　陳春霖　徐業道　曹健修

　　　　　軍務局　　　　　何志浩

　　　　　中訓團　　　　　黃　杰

　　　　　戰略顧問委員會　尹作翰

　　　　　國防科學委員會　徐庭瑤

　　　　　部本部各司　　　華振麟　楊憶祖　何孝元

　　　　　　　　　　　　　廖行芳　劉詠堯　趙學淵

　　　　　　　　　　　　　黎國培　劉逸奇　鄧樹仁

列席人員：張楓宸　向軍次　黃秉鐸

主　　席：次長秦（代）

紀　　錄：戴季騫

會報經過
壹、檢討上次會報實施程度
次長秦指示

1. 關於顧問團各種事務，極應有一管理機構，負責辦理，在不增加編制員額原則下，設置外事組，由鄭次長擬訂。

2. 顧問團目前用汽油，仍由聯勤總部繼續供應。

貳、報告事項
一、部長辦公室報告

接行政院統計室公函索三十六年度施政成績之統計圖表，內容著重與以前各年度之比較，及與原工作計劃之比較，限一月三十一日前送院，查此案限期甚急，茲擬訂三項辦法，請示決定。

1. 有年度工作計劃各單位，即根據計劃，按工作完成程度，算出成績百分比，以行編製。

2. 無年度工作計劃各單位，亦應擇其經辦重要業務，照上項辦法辦理。

3. 編製方法，或用圖，或用表，概無一定格式，須依其材料如何而定。

指示：

各單位可以公佈之數字，可編製按時呈出。

二、預算財務司報告

1. 奉行政院訓令，為節約外匯，規定要點三項：

（1）以前出國人員，任務已完，飭一律返國，不予繼續結匯。（2）暫停公自費留學生之考試，及公費出國進修研究人員之派遣。（3）各機關應將駐外機構及人員，予以切實緊縮，或裁撤，應於一星期內擬具計劃呈核，本案曾分送第二廳、第三廳、預算局在案，請各承辦單位從速擬辦。

2. 本月十三日行政院召集各部會研討「事前審計」問題，本部提出六項原則：（1）簡化支付書、收支憑證等之核簽，（2）簡化綏靖區軍政機關之審計手續，（3）簡化軍事機關審計程序，（4）簡化軍事機關營繕工程及購置變賣之審計手續，（5）簡化公營事業機關營繕工程及購置變賣之審計手續，（6）提高稽查限額以後並按實際情況，隨時調整，上項審計部均允採納，如能實現，配合本部實施預算財務制度，確有裨益。

指示：

1. 節約外匯，停止出國留學，陸海空軍必須出國人員，行政院已允不受規定之限制。

2. 本部駐外武官，已調回百分之四十，可呈復政院。

三、法規司報告

1. 本月十日行政院召開特種刑事法庭組織規程草案審查會，本司會同軍法局長出席。該項法庭組織，主席指示要旨：「特種刑事法庭，在系統上，隸屬於司法機關，而各級軍法兼理其事，審判程序，與軍法同，藉期適應需要，處

理迅速」，但司法院與司法行政部均認應由司法機關主理其事，後本部提出四項聲明，討論結果，均獲採納，擬定下列五項原則，以為修正依據：（1）特種刑事法庭隸屬司法行政部。（2）就現在所有軍法機關，派員兼任。（3）採用一審制，不另設中央特種刑事法庭。（4）另訂簡易審判程序。（5）該項規程應否改為「條例」，由行政院與司法院決定之，聞該項組織規程，行政院業已通過。

2. 軍機保密辦法，及軍機防護法，曾先後呈請行政院，分別核備，及延長施行，查軍機保密法，已轉呈國府，准予備案，軍機防護法，已准延長至三十七年底止，即可公佈。

3. 本月十六日行政法規整理委員會，召集會議，審查中央與地方職掌劃分法規，及審核市縣道路修築條例修正草案，決議，由交通部會同國防部、內政部，擬定道路法，內分國道、省道、市道、縣道，國道由中央政府立法，至省市縣道，因國防關係，由中央訂立劃一標準原則，由地方立法，並執行之。

四、人力計劃司報告

1. 現在西安待運東北從墾人員六百餘人，因交通阻礙，一時無法運去，經一再電商胡主任就近安置汧山、渭灘墾區，以免長期坐待，近接胡主任復電，允將汧山墾區，交東北屯墾隊接收，事業費由本部負擔，如何接辦，擬即派人

前往洽商決定，並實地視察。

2. 西北行轅軍墾處，已成立一年有餘，並經行政院發給開辦事業費一百億，該處經常費由聯勤總部駐新供應局撥發，現該局以未奉明令列為補給單位，自去年十一月起，停止墊發，現行轅請繼續發給經費，行政院並將該處組織規程及編制，交本部及農林部核辦，查過去本部無此案件與預算，似不便隸屬本部，擬呈復行政院，請專案發給經費辦理，可否乞示。

指示：

電復請逕向行政院交涉經費。

五、徵購司報告

上次會報，奉指示，辦理各單位需要物資局所有紙張，經派員赴滬向該局接洽情形如下：

1. 紙張種類，現僅有印圖紙，並無白報紙，數量共計二、三六一箱，三、四二七令，每磅價格十四萬五千元，各單位所需紙數已送到者，僅新聞局需道林紙二千令，史政局需道林紙五令，白報紙三十令。

2. 此項已到滬紙張，是否即由本司召集各單位商討分配，價款是否由預算局在各該單位本年度業務費項下先行籌撥。

指示：

該項紙張，由測量局會同徵購司整個洽購，各單位如有需要，可逕與該司局洽辦。

六、土地及建築司報告

　　查修建全國各大都市及省會與交通要點營房案，
　　其辦法內，規定修建營房，先期動工經費，由本
　　部墊發，已有數省市申述地方自籌經費困難，請
　　求撥款（有請墊撥先期動工經費，有請撥全部經
　　費者），本部無款可撥，按修建營房，原限本年
　　二、六兩月底分兩期完成，第一期轉瞬即屆，如
　　經費問題，不能解決，恐將影響修建，應如何辦
　　理，請示！

指示：

報請行政院撥款。

七、海軍總部報告

　　1. 關於洽購接收美艦，所需外匯，奉行政院三十
　　　 六年十一月二十九日會三字第49564號代電核
　　　 准，並奉國防部三十六年十二月二十五日通知，
　　　 款項照撥，本部派員赴滬，向中央銀行結購，
　　　 至今尚無結果。

　　2. 按照中美合約，泊菲美艦三十四艘，應於本年
　　　 一月一日起拖，六個月內拖完，但因外匯不能結
　　　 購，無法與拖船公司簽訂合同，深恐延誤接收期
　　　 限，而至於不能履行合約，影響我國信譽。

指示：

俟明日出席院會時，提出催辦。

八、聯勤總部報告

　　1. 汽車節約，原定收繳五百四十餘輛，現僅收到
　　　 一百三十一輛，尚有四〇九輛，未能收回，是否

延期。

2. 油料使用，三十六年九月以後，按八折發給，目前請求增加油料單位甚多，又各軍事學校主官油料，擬比照廳局主官發給，可否請指示原則。

指示：

1. 將已繳未繳單位，列表報核。
2. 車輛油料管理，可仿空軍辦法。

九、中訓團報告

1. 軍事訓練班月底可移常州，擬以大隊為訓練單位，下月開始訓練，但學員分類處理問題，仍請第一廳速予決定，該班編制人員規定以調用為原則，但事實困難，仍請准以一部專任。

2. 水產班製作罐頭供部隊副食案，請聯勤總部速予決定，以免停頓。

3. 中訓團各班隊、陸軍大學及副官學校，均在孝陵衛附近，人數約在萬人以上，現運輸工具及汽油缺乏，擬請聯勤總部在該處設立供應分處，以利補給。

4. 請工程署油漆本團冰鐵屋頂，以免鏽爛。

指示：

第 2、3、4 項，由聯勤總部研究辦理。

十、第一廳報告

1. 中訓團編制人員甚多，軍事訓練班所需人員，似可活用，以免將來安置困難。

2. 上次會報，中訓團女學員服裝樣式案，可照空軍女職員服裝式樣辦理。

    3. 台灣二〇五師走私案，奉到三個機構命令指示，
　　最好請軍法局派員赴台辦理。

指示：

1 項由一廳與中訓團洽商。

2 台灣二〇五師走私案，由監察局、軍法局會商辦理。

十一、第四廳報告

    1. 最近美軍顧問團建議，於行政院下設一國防
　　運輸局，國防部第四廳下，設一運輸管制
　　處，並由國防、交通兩部派員協組鐵運與水
　　運兩個聯絡委員會，本案本廳曾邀集陸海空
　　聯勤總部、三廳、五廳及美顧問開會三次，
　　僉認必要，正候美顧問提擬詳細組織，再行
　　簽擬呈核。

    2. 國防運輸局問題，上週行政院甘祕書長召集
　　本部、聯勤總部及交通部會商，討論結果，
　　暫不設局，先成立兩個聯絡小組，由本部擬定
　　辦法與交通部航政、路政兩司洽辦，美顧問對
　　聯絡小組意見，認為每組必須七人，交通部三
　　人、國防部四人，俟洽妥後，再行報核。

十二、第五廳報告

    作戰會報，奉主席指示，全國軍事機關部隊學
　　校員額，應予調整。（書面）

預算局報告：

本年元月，按生活指數調整待遇，行政院規定本部自二
月份起，至六月底止，每月將後方機關部隊學校，裁減
百分之五，經費按月扣去，如有裁減，由本部自行規

劃，經一再交涉，均無結果。

指示：

本案由一廳、五廳，預算局、陸軍總部、聯勤總部會商研究，請部本部劉次長主持（由第五廳召集）。

十三、預算局報告

1. 調整待遇案，中央已公佈自元月份起實施，惟軍隊待遇，行政院一律照陸軍發給，因此海空軍加給、東北、新疆等地加成，均成問題，一再交涉，行政院以文武一致，按生活指數發薪，不能再有差別，又瀋陽、太原兩地生活指數二十萬倍，行政院規定亦照八萬五千倍計算，相差懸殊。

2. 副食馬乾與眷屬福利、新兵薪糧被服、台灣官兵待遇等，均未提及，因此困難太多，以致給與命令尚難頒佈。

指示：

1. 新給與不足之數，一面呈請行政院追加，一面按現有數擬訂標準。

2. 福利品之配售應予力爭。

3. 新兵糧餉服裝專案呈主席核示。

參、討論事項

一、三十七年度奉准核列購馬費僅四百五十億元不敷甚鉅為充實戰力計擬請追加預算以便購補（聯勤總部）

決議：

1. 三十七年度購馬，應以三萬匹為目標。

2. 甘青寧三省以馬代丁徵額可酌加，詳細辦法，由聯
　勤總部與兵役局會商。

3. 應分區分地購買或撥款由各部隊就地採購。

二、為請再飭警官班水產班及海軍總司令部倉庫遷讓營
　　房俾經理財務特勤三校得早日開學案（聯勤總部）

決議：

1. 警官班月底可結業。

2. 由海軍總部、聯勤總部、中訓團各派一員會同辦理
　（由聯勤總部約集）。

肆、指示事項

無。

第四十八次部務會報紀錄

時　　間：三十七年二月十六日下午三時至七時

地　　點：國防部會議室

出席人員：國防次長　　　　秦德純　劉士毅

　　　　　參謀次長　　　　林　蔚　方　天

　　　　　總長辦公室　　　錢卓倫

　　　　　陸軍總部　　　　林柏森

　　　　　海軍總部　　　　桂永清　周憲章

　　　　　空軍總部　　　　周至柔（劉炯光代）

　　　　　聯勤總部　　　　張秉均

　　　　　各廳局　　　　　張之珍　曹士澂　邱希賀

　　　　　　　　　　　　　洪懋祥　李汝和　錢昌祚

　　　　　　　　　　　　　鄧文儀　王開化　趙志垚

　　　　　　　　　　　　　戴高翔　金德洋　魏汝霖

　　　　　　　　　　　　　杜心如　鄭　果　陳春霖

　　　　　　　　　　　　　徐業道　施建康　曹健修

　　　　　軍務局　　　　　秋宗鼎

　　　　　中訓團　　　　　李及蘭

　　　　　國防科學委員會　徐庭瑤

　　　　　部本部各司　　　華振麟　楊憶祖　錢貽士

　　　　　　　　　　　　　袁同疇　劉詠堯　趙學淵

　　　　　　　　　　　　　黎國培　劉逸奇　鄧樹仁

主　　席：部長白

紀　　錄：裴元俊　戴季騫

會報經過
壹、檢討上次會報實施程度
一、預算局報告

    1. 上次會報紀錄，次長秦指示 2「顧問團目前用汽油，仍由聯勤總部繼續供應」，現聯勤總部以汽油係實物預算，該團用油太多，無力再墊，並要求撥還前墊之數，本案請速解決。

    2. 調整待遇案，太原區指數，行政院照二十萬倍計算，山西其他地區，照八萬五千倍，惟太原區生活甚高，仍不敷甚鉅，奉指示除太原區每月另給十億，由閻主任自行調整外，其他地區，仍照八萬五千倍計算，閻主任復電：太原指數頃已達四十萬倍。

    3. 台灣官兵待遇，行政院發給法幣購換台幣，僅及調整數百分之六十，台灣部隊機關，均要求增加。

指示：

1. 美軍顧問團人員費用，另開小組會商討，目前汽油，暫仍由聯勤總部供應。

2. 台灣官兵待遇，專案呈請行政院發給台幣。

貳、報告事項
無。

參、討論事項

一、國防部本部組織調整擬議表

決議：

修正通過如次：

1. 人事司組織，應再加研究，如因業務繁多，可多設組，組以下以不設課為原則。

2. 「人力計劃司」、「工程計劃司」，「計劃」二字均刪除，其餘照擬案通過。

3. 政工局組織，仍照主席批示五個處組織。

二、全國軍事機關部隊學校員額整理概定表

決議：

修正通過如次：

（一）中央軍事機構

　　1. 國防部本部及各廳局室各附屬單位裁減公役司機案，通過。

　　2. 主席行轅特務團屬迫砲連不裁，改為每連裁減士兵三十名左右。

　　3. 中訓團裁減公役案，通過。

　　4. 東北、徐州兩中訓分團裁撤並運用原有人員改組為東北、徐州兩訓練處。

（二）衛戍警備機構

　　各特務團均照主席行轅特務團例，不裁單位，可每連裁減士兵三十名左右。

（三）兵役機構

　　照案通過。

（四）作戰指揮機構

　　表列各特務團，照主席行轅特務團例辦理。

（五）陸軍步兵部隊採用甲案

　　1.（一）項原則可行，先由第四廳查明庫存衝
　　　　鋒槍數字，是否能補充齊全。

　　2.（二）項在編制內兵員不足，補充團可不予
　　　　成立。

　　3.（三）項暫保留。

（六）陸軍特種兵部隊

　　甲案砲兵部隊照案辦理，其餘暫保留。

三、擬定國防部外事承辦辦法，提請公決案（參謀總長
　　辦公室）

決議：

通過。

四、京滬官佐房租津貼，應否繼續發給請公決案（第一
　　廳、預算局）

決議：

照原給與發給，不再增加。

五、請將本部各單位士兵符號，改用代字代號案（第
　　二廳）

決議：

照第一廳所提意見辦理。

六、行政院一月九日訓令修正外國軍艦駛入我領海及
　　港口暫行辦法，本部擬訂意見請公決由（第二廳）

決議：

通過。

七、本部週會應如何舉行案（新聞局）

決議：

通過。

八、官兵茶水及伙食所需燃料擬請准予專案支報

九、補用之工匠及駕駛士兵等津貼擬請准予專案撥款
　　開支

十、報章費郵電費每日為數甚鉅，擬請指定單位負責
　　集中支付或另撥專款開支（各廳局會提）

決議：

八、九、十，三案，先由預算局會財務署研究後提出
報告。

十一、為本部三十六年度二至十二月份，匯赴台澎區
　　　單位台幣經費折合法幣不敷之數，擬請（一）
　　　准予如數補發（二）自本年度起，匯付台幣經
　　　費，如因匯率變更致與列報法幣不敷時，請准
　　　予按月編列追加預算，隨時撥還案（海軍總部）

決議：

由海軍總部提出預算送預算局俾向行政院請求追加。

肆、指示事項

無。

第四十九次部務會報紀錄

時　　間：三十七年三月一日下午三時至六時

地　　點：國防部會議室

出席人員：國防次長　　　　秦德純　劉士毅

　　　　　參謀次長　　　　林　蔚　方　天

　　　　　總長辦公室　　　錢卓倫

　　　　　陸軍總部　　　　林柏森

　　　　　海軍總部　　　　桂永清　周憲章

　　　　　空軍總部　　　　周至柔（譚以德代）

　　　　　聯勤總部　　　　張秉均

　　　　　各廳局　　　　　張之珍　曹士澂

　　　　　　　　　　　　　羅澤聞（馮先烱代）

　　　　　　　　　　　　　黃一華　李汝和

　　　　　　　　　　　　　吳欽烈　李樹衢

　　　　　　　　　　　　　趙志垚　吳　石

　　　　　　　　　　　　　彭位仁　秦修好

　　　　　　　　　　　　　杜心如　徐思賢

　　　　　　　　　　　　　陳春霖　徐業道

　　　　　　　　　　　　　施建康　錢壽恒

　　　　　軍務局　　　　　尹國祥

　　　　　戰略顧問委員會　尹作翰

　　　　　中訓團　　　　　黃　杰

　　　　　國防科學委員會　徐庭瑤

　　　　　部本部各司　　　華振麟　鄭　澤　何孝元

　　　　　　　　　　　　　袁同疇　蔣廷樞　趙學淵

陳自強　劉逸奇　鄧樹仁

主　　席：部長白

紀　　錄：裴元俊　戴季騫

會報經過

壹、檢討上次會報實施程度

一、預算局報告

    1. 上次會報討論事項八、九、十，三案，研究結果：八案官兵茶水及伙食所需燃料，原規定由辦公費開支，實施財務新制後，改由臨時費開支，已另案簽核，俟決定後，可獲解決。

    2. 九案補用工匠及駕駛士兵等津貼，請專案撥款，事實上尚有困難，只有在臨時費開支。

    3. 第十案報章費、郵電費集中支付，自新公文制度實施後，公文由副官局統收統發，郵費已無問題，電費正與交通部交涉記賬。

    4. 夜點津貼，只能在臨時費開支。

貳、報告事項

一、部長辦公室報告

    國防部醫務所成立，已逾一載，醫療事務，逐漸開展。惟該所缺少病房、病床及手術室，擬請酌予增建，並多發新式醫療器具，以利治療。

指示：

醫務所隸屬，應改歸軍醫署，如何充實，由軍醫署負責辦理。

二、法規司報告

1. 二月七日及十四日，行政院召集各部會會商修訂防空法及施行細則，本部由本司代表出席，修正各點如下：

    (1)防空法原草案第九條，列有違反本法各項法令之規定者，「送由司法機關依法處理」，經提議修改為「處拘役或一百元以下之罰金，煽惑他人為主者，加倍處罰。」

    (2)防空法原草案第七條第三款「利用改善或變更國有、公有或民有通訊設備，供防空情報或警報之用」一節，交通部要求給價，經本席說明，在戰時或事變時，所有通訊設備，自可隨時利用，至給價一節，應另案辦理，不必在法內訂定，當獲通過。

    (3)原條第四款，利用人民或外僑開設之醫院診所，供防空設備之用一節，衛生部要求診所免供防空之用，討論結果，仍維持原條文。

2. 二月十七日行政院召集有關部會開會審查警察法，該法原草案，列有航空警察，前經本部空軍總部以軍警任務分明，不容紊亂，擬將航空警察刪除在案，此次該修正草案第五條第一款，仍列有公私營之航空警察一句，為避免誤會起見，決定必要時可併入原條第六款「各種專營警察」之內。

三、人力計劃司報告

1. 復員官兵安置計劃委員會，已奉行政院令撤銷，

二月底已停止收文，其未了業務，轉業部份，
移交人力司，留用、退役部份，移交第一廳接
辦，並已通報各單位。

2. 復員留用軍官，尚未補實人員，亟應加以清理，
本司已擬具處理辦法，送第一廳簽具意見，呈請
核定施行。

3. 復員轉業軍官，尚在候差人員，擬安置各省擴
充保安團，已由本司擬具辦法呈准通令施行，
但各省保安團（預定擴編一一二團）尚不能完
全成立，一時恐難全數安插。

4. 東北盤山墾區，近以被匪竄擾，已輾轉撤集錦
州，今年恐無復耕希望，本司已擬定該區緊急
處理辦法，呈請令知該區遵照，並通報東北行
轅及剿匪總部。

5. 各墾區墾員，近以物價高漲，紛紛請求調整待
遇，事實上物價日在波動，待遇隨時調整，如
按照前定辦法，以去年十月給與標準發給六個
月，或九個月，實有問題，但如何調整，及經
費來源，請示決定。

指示：

5 項由人力司召集有關單位會商研究，由劉次長主持。

四、徵購司報告

關於上海物資局印圖紙，原由本部函請物資供應
委員會，由本部整個洽購，嗣以該項紙張價值太
昂，僅測量局已購三百令，現據本司派員前往商
洽結果，該項紙張，係以每磅美金一元一角六分

（按付款日外匯平衡基金委員會掛牌美匯國幣計
算），該項紙質頗佳，實較市價為廉，物資局希
望本部如需用，須迅速洽購，且購量愈多愈好，
否則交通部需要甚殷，實難保留，各單位如須洽
購，請於三日內通知本司，逾期以放棄論。

五、海軍總部報告

復員後廈門海軍各機關辦公房屋，多係借自民
間，現均紛紛請求發還，擬請轉請行政院飭廈門
市政府，另撥敵偽房產，以資辦公。

指示：

先調查敵偽產業後再轉請撥用。

六、第二廳報告

關於情報人員經費電台等辦理情形（略）。

指示：

1. 關於情報人員電台經費問題，由二廳提出具體方案
及所需預算。

2. 目前東北急需費用，應速墊發。

參、討論事項

一、對軍屬各工廠技術員工增加待遇避免各種無形損失
及防止見異思遷以求實益而增效率案（工業動員司）

決議：

先交海空軍聯勤各總部研究後，再由工業動員司召集
商討。

二、軍電報（話）付款問題案（預算局）

決議：

(1) 與行政院商洽付現，或記賬辦法。

(2) 通令各級，儘量節約。

三、為報告三十六年度軍費預算執行及不敷情形並擬具
　　處理辦法請核示由（預算局）

決議：

原則照第一案辦。

四、奉交辦本部第三十八次部務會報第四廳提案以廳內
　　換肺病職員請研究優待辦法一案擬予撤銷請公決案
　　（第一廳）

決議：

肺病醫院成立後，醫藥應予儘量優待。

五、軍用服裝損失處理辦法請公決案（聯勤總部）

決議：

先由經理署提出過去賠償數字後再議。

肆、指示事項

無。

第五十次部務會報紀錄

時　　間：三十七年四月五日下午三時至六時十分

地　　點：國防部會議室

出席人員：國防次長　　　　秦德純　劉士毅

　　　　　參謀次長　　　　林　蔚　方　天

　　　　　部長辦公室　　　華振麟

　　　　　總長辦公室　　　車蕃如

　　　　　陸軍總部　　　　林柏森

　　　　　海軍總部　　　　桂永清　周憲章

　　　　　空軍總部　　　　周至柔（劉烔光代）

　　　　　聯勤總部　　　　張秉均　楊繼曾

　　　　　各廳局　　　　　張之珍　葉　南　馮先烔

　　　　　　　　　　　　　黃一華　劉雲瀚　吳欽烈

　　　　　　　　　　　　　李樹衢　施建康　趙志垚

　　　　　　　　　　　　　吳　石　彭位仁　甘印森

　　　　　　　　　　　　　杜心如　賈亦斌　陳春霖

　　　　　　　　　　　　　徐業道　曹健修

　　　　　軍務局　　　　　尹國祥

　　　　　戰略顧問委員會　尹作翰

　　　　　國防科學委員會　徐庭瑤

　　　　　中訓團　　　　　成　剛

　　　　　部本部各司　　　鄧樹仁　楊憶祖　何孝元

　　　　　　　　　　　　　劉詠堯　趙學淵　劉逸奇

　　　　　　　　　　　　　陳自強

主　　席：次長秦（代）

紀　　錄：裴元俊　戴季騫

會報經過
壹、檢討上次會報實施程度

貳、報告事項
一、法規司報告

    1. 三月三十一日，本部准立法院軍事委員會及法制委員會函請，指派代表，於四月一日出席「防空法修正草案」初步審查會議，本司會同空軍總部代表胡孟麟出席，將該草案逐條說明，已獲通過。

    2. 本日上午九時半，臨時奉立法院軍事委員會、法制委員會公函，請派員出席審查戒嚴法修正草案，本案非本司主辦，經查係行政院提出修正，逕送立法院核辦，當以本案關係本部業務甚鉅，必須詳加商討，後經決議，由本部擬具意見，於本月十日（星期六）下午三時再行提出討論，擬於本月七日下午三時由本司召集各有關單位開會討論，以便提供意見，當否請示。

    3. 查本部彙辦文件，殊多延擱，如本年一、二月間行政院囑填「出版物及法規彙編概況調查表」及立法院函請查填「三十六年度法律與規則分類索引查報表」，均經先後轉知本部所屬各單位填送，以憑彙報，但截至現在止，尚多未填送者，應請轉知提前辦理。

指示：

2 項應先自行研究。

二、人力司報告

1. 轉業未補實人員，擬一律調充各省市擴編保安團隊幹部，呈請行政院通令各省市遵照上月二十六日行政院召開審查會決定，各省市第一期擴編保安旅團及突擊大隊，所需幹部（一〇、九二三人）儘先以分發各省市轉業尚未補實人員選充，其餘仍責由各省市負責轉業，負擔薪金。

2. 盤山墾區被匪竄陷後，墾員除已選撥第三軍訓班青年軍二〇一員外，其餘一、〇七六員，已分別集中瀋陽、錦州，現該局已奉東北行轅令，按照本部緊急處置辦法，將瀋陽墾員撥交遼東師管區，錦州墾員，撥交遼西師管區接收。

3. 各墾區事業費，及墾員待遇，遵照上次會報召集有關各單位研討，擬訂補救辦法三項：

   (1) 事業費已按本年一月物價編列預算六千餘億，呈請行政院追加。

   (2) 將全數墾員辦理退役，已專案呈請行政院撥發退役金一千一百餘億，作為待遇調整之用。

   (3) 擬向四聯總處舉辦農貸。

指示：

3 項應說明此項退役人員均係去年辦理者。

三、工業動員司報告

接我國駐日代表團李代琛函，日本賠償，因國際風雲緊急，大有俟第一批賠償處理後，以後不再

運之趨勢，擬請將已分配之物資，向賠償委員會建議速運。

指示：

由陳司長向行政院賠償委員會催辦，本部物資，海軍可派船運輸。

四、徵購司報告

1. 關於向外洽購軍用品辦理手續，經行政院召集外交、財政、國防各有關部會開會審查，擬定辦法，計（1）核購，（2）洽辦，（3）撥款，（4）歸墊，除已轉電總長，並分行各有關單位外，特提出報告。

2. 本部國外物資供應指導小組，第一次會議，預算局提，以行政院既有決議，可指撥週轉金與本部購買軍用品之用，可由本部請先撥少數美金，以備派遣押運物資人員旅費之用，現上項辦法，既經院令頒行到部，可請預算局辦理請撥手續。

指示：

2 項由預算局洽辦。

五、國防科學委員會報告

裝甲兵教導總隊結束後，天津裝甲車修理廠無人管理，機器亦未適當運用，現沖繩島撥交車輛，多需修理，請下令將天津修理廠撥還裝甲兵司令部，或在日本賠償機器內，撥配使用。

指示：

1. 天津修理廠撥還，專案簽請總長核辦。

2. 所需日本賠償機器，另由陳司長向行政院提出交涉。

六、總長辦公室報告

　　各單位送蓋章，及送判機密文件，多係用普通卷夾，應請改正用密封或派軍官送達。

指示：

通令改正。

七、海軍總部報告

　　本軍購置艦艇配件，過去係撥存美海軍部美金壹筆，臨時動支，截至本年二月底止，所存無幾，經於三月間簽呈主席，奉批交行政院核議，行政院復發交國防部簽議，現上項訂購配件，已到滬一批，價值美金三十萬元，但本部因外匯已罄，不能提領，而待修艦艇，需要配件，急不容緩，擬請從速核准，先在本年核定總額內，先撥美金壹百萬元。

指示：

即洽預算局，上半年度先撥美金五十萬元，餘數由該部再請追加。

八、第二廳報告

　　本部派駐各國武官，紛紛來電告急，本年度尚未領到經常費，無法維持，目前國際情勢緊張，急需工作，請提出行政院速撥，或由預算局先撥一部份。

指示：

書面呈秦次長提出。

九、預算局報告

　　1. 調整待遇案，行政院通過辦法五點，其中第二
　　　項，與本部有關，在指數未核定前官兵待遇，照
　　　三月份增加一倍發給，已請行政院核撥，惟士兵
　　　待遇，不是按生活指數調整，是否亦加一倍？

　　2. 軍費收支情形。（略）

指示：

照行政院核定數轉發。

十、預備幹部局報告

　　1. 青年軍問題，請次長召集有關單位會商決定。

　　2. 今年學生集訓，擬採局部集訓辦法，利用各軍
　　　訓辦機構辦理，較為便利。

指示：

1. 由預備幹部局定時約集會商。

2. 本年度集訓停止，可先計劃調整各軍訓教官。

十一、副官局報告

　　　本局近日發現傳染病，染病士兵，共計三十餘
　　　名，醫務所無法收容治療，應從速預防蔓延，
　　　並請改善加強醫務所。

指示：

本部醫務所改隸總務局管理，該所房屋病床添設，由總
務局負責，人員、藥品、器材之充實，仍由軍醫署負
責，並於最短期間，切實辦理具報。

參、討論事項

一、請擴大本部招待所，備各地來京將領住宿，以保

軍機（第二廳）

決議：

交總務局研辦。

二、為軍需工廠技術員工，擬請照抗戰時期規定，仍
　　視同軍屬，以便管理（聯勤總部）

決議：

通過。

第五十一次部務會報紀錄

時　　間：三十七年四月二十六日下午三時至六時十分

地　　點：國防部會議室

出席人員：國防次長　　　秦德純　　劉士毅

　　　　　參謀次長　　　林　蔚　　方　天

　　　　　部長辦公室　　華振麟

　　　　　總長辦公室　　錢卓倫

　　　　　陸軍總部　　　林柏森

　　　　　海軍總部　　　桂永清　　周憲章

　　　　　空軍總部　　　劉炯光

　　　　　聯勤總部　　　張秉均

　　　　　各廳局　　　　張之珍　　葉　南　　邱希賀

　　　　　　　　　　　　洪懋祥　　閻建侯　　吳欽烈

　　　　　　　　　　　　李樹衢　　趙志垚　　吳　石

　　　　　　　　　　　　彭位仁　　李顯凱　　杜心如

　　　　　　　　　　　　賈亦斌　　陳春霖　　徐業道

　　　　　　　　　　　　曹建修　　施建康

　　　　　軍務局　　　　尹國祥

　　　　　中訓團　　　　黃　杰

　　　　　部本部各司　　鄭　澤　　何孝元　　劉詠堯

　　　　　　　　　　　　趙學淵　　陳自強　　劉逸奇

　　　　　　　　　　　　鄧樹仁

主　　席：次長秦（代）

紀　　錄：裴元俊　　戴季騫

會報經過

壹、檢討上次會報實施程度

一、預算局報告

    1. 徵購司報告 2，及海軍總部報告 1，該兩案所需美金，經與中央銀行張總裁交涉，均不肯撥付，必須併入美援案辦理。

    2. 二廳請發駐外武官外匯，上週行政院已批准先撥三個月，公文亦已發出，又駐聯合國參謀團請求增加人員案，亦已解決。

    3. 四月份調整待遇，已確定照二十四萬倍發給，惟最高指數區域，亦按此數，不敷甚鉅，已呈請追加，明日院會時，請次長提出報告。

二、人力司報告

    1. 上次彙報本司報告 1，末句四字刪去。

    2. 3 項請增加事業費，尚未通過，擬仍申復，請從新決議。

貳、報告事項

一、預算財務司報告

    關於加強地方武力經費，如何籌辦，近奉行政院令頒自衛特捐籌集辦法，計有十條，徵收甚為廣泛週密，並可調整地方稅稅率，綏靖臨時費之籌集，亦可適用，實施後，一切地方攤派，由政府澈底嚴禁。

二、工業動員司報告

    1. 催運日本賠償機器，交涉結果，整個提前，尚

不可能，關於海軍派船運輸，是否需要付款，
或只運海軍所需，抑尚可為其他單位代運，請
指示。

2. 裝甲兵司令部所需日本賠償機器，請開示名稱
數量，以便向行政院提出交涉。

海軍總部報告：

海軍派一、二艘登陸艇，最多只能運四千噸，如本身有
餘力時，當可為其他單位代運，如代運則請給油料及補
助官兵副食品即可。

指示：

再向賠委會交涉，如本部自運，則應向交通部將運費扣
回，裝甲兵司令部所需機器，應與徐兼司令洽辦。

三、徵購司報告

關於向外洽購軍火案，照外交途徑辦理，夏威夷
兩批軍火，均經先後呈院批准，照規定辦法辦
理，尚稱順利，適預算局報告，央行張總裁謂，
該項軍火，應在美援內辦理，不另撥外匯，似此
有再行呈院或報告主席之必要。

海軍總部之報告：

赴美接艦經費，尚欠 181 萬美元，行政院不予結匯，美
方催促甚急。

指示：

預算局應詳細檢討外匯各案，能併入美援者，則予以歸
併，其性質不能歸併者（如已經訂定合同，或已付法
幣，或須在其他國家購買等），應另呈請主席核准。

四、總長辦公室報告

1. 夏令時間自五月一日起，參照去年辦法改訂，已通令實行，並以部長名義，報請行政院核備。

2. 中央每次重要會議，本部均提出軍事報告，臨時蒐集資料，殊不週全，擬請由史政局負責經常蒐集備用。

指示：

2 項由史政局擬辦，經常由各單位供給資料。

五、海軍總部報告

1. 前在營口擱淺之破冰船「北極一號」已於四月二十五日六時由我永勝、長治二艦拖帶出險，定二十六日拖往葫蘆島，聽候處置，除已通知交通部、聯勤總部外，二艦官兵，恐該船為匪利用，幾經艱險，達成任務，實勘嘉尚，擬請優予獎勵。

2. 英國贈我巡洋艦案，經駐英鄭大使疊次交涉，英國已允將巡洋艦重慶號，及巡防艦八艘贈送我國，惟請我國放棄民國三十年香港政府徵用，旋為日本擊沉之海關巡防艇六艘之賠償，至驅逐艦，英方以時局關係，僅允借用五年，此外須我償付代墊訓練費十萬零六百四十二磅，現外交部以為交涉已臻最末階段，徵詢本部意見，查此案迭經英外、海、財各部一再研討，表示讓步，似可予以接收。

3. 六廳錢廳長通知沖繩島有四十公分砲彈四百餘噸，此項剩餘物資海軍可以利用，且需要甚

急，乞准予早日提運。

指示：

3 項以書面報告林次長。

六、聯勤總部報告

三十四標總醫院五月十五日開診，六月一日可住院。

指示：

通知各單位。

七、中訓團報告

本團原有房屋十四棟，除撥陸大三棟、參謀訓練班一棟、軍事班五棟外，餘五棟現須辦理軍官團第八期，及戰地視察班等十個班隊，無法分配，如何處理，請予指示。

指示：

由第五廳召集預算局、中訓團及各訓練單位研究辦理，原則上，凡與剿匪有關者先辦，屬於業務性質者緩辦。

八、政工局報告

華中總體戰會議決議事項已頒發，其中關於增設政務、經濟兩處，及祕書長一員，已電各綏區保薦人選，並為使業務推行便利，擬召集各處長、祕書長自五月五日起，在中訓團開講習會十日。

九、預算局報告：

1. 華中總體戰經費問題，原規定各綏區造具預算，由部轉請行政院，各綏區迄未報部，而索款電報，則紛紛前來·

2. 預算美顧問，以本局預算業務，分配單位太多，關於兵役、測量、軍人監獄等經費，應列入聯

勤部份，情報應列入第二廳，擬請先改編隸
屬，再改變預算。

指示：

1. 通令各綏靖區速造預算。

2. 向美方說明，本部隸屬不同，預算分配暫不能更改。

十、預備幹部局報告

青年軍業務，奉主席命令劃分，人事訓練，由南
京訓練處主管，作戰指揮，由各戰區負責，本局
專管青年軍召集、復員等業務。

參、討論事項

一、查本部有關法規案件呈送行政院核備或轉呈立法
院者，請主辦單位，先送法規司會辦由（法規司）

決議：

照第一項辦法辦理。

二、本年高中集訓，擬改為局部實施，是否可行，請
公決案（預幹局）

決議：

先由方次長召集一廳、五廳、預算局、預幹局、人事
司、陸海空聯勤各總部研究。

三、請准將二十五師前在山東鹵獲黑色絹料，悉數價
撥本軍應用由（海軍總部）

決議：

交聯勤總部查明，如未交換，則交海軍應用。

肆、指示事項

無。

民國史料 70

國防部部務會報紀錄
（1946-1948）下冊

Ministry Meeting Minutes,
Ministry of National Defense, 1946-1948
- Section II

主　　編　陳佑慎
總 編 輯　陳新林、呂芳上
執行編輯　林弘毅
助理編輯　詹鈞誌
封面設計　溫心忻
排　　版　溫心忻、施宜伶

出　　版　🛡️ 開源書局出版有限公司

　　　　　香港金鐘夏慤道 18 號海富中心
　　　　　1 座 26 樓 06 室
　　　　　TEL：+852-35860995

　　　　　🌼 民國歷史文化學社 有限公司

　　　　　10646 台北市大安區羅斯福路三段
　　　　　　　37 號 7 樓之 1
　　　　　TEL：+886-2-2369-6912
　　　　　FAX：+886-2-2369-6990

http://www.rchcs.com.tw

初版一刷　2022 年 6 月 30 日
定　　價　新台幣 350 元
　　　　　港　幣 95 元
　　　　　美　元 13 元
I S B N　978-626-7157-25-1
印　　刷　長達印刷有限公司
　　　　　台北市西園路二段 50 巷 4 弄 21 號
　　　　　TEL：+886-2-2304-0488

國家圖書館出版品預行編目 (CIP) 資料
國防部部務會報紀錄 (1946-1948) = Ministry
meeting minutes, Ministry of National Defense,
1946-1948/ 陳佑慎主編 . -- 初版 . -- 臺北市 : 民
國歷史文化學社有限公司 , 2022.06

　冊；　公分 . -- (民國史料 ; 69-70)

ISBN 978-626-7157-24-4　（上冊 : 平裝). --
ISBN 978-626-7157-25-1　（下冊 : 平裝)

1.CST: 國防部　2.CST: 會議實錄

591.22　　　　　　　　　　　　　111009136